공부가
아이의 길이
되려면

✦ 신뢰로 키우는 부모, 스스로 공부하는 아이 ✦

# 공부가
# 아이의 길이
# 되려면

오평선 지음

Success from Passion
모든 사람이 꿈과 희망을 갖도록 돕습니다

21세기북스

# 공부가
# 아이의 길이 되려면

　10년 동안 전국을 다니며 1천 번이 넘는 학부모 대상 강연과 초등학생부터 대학생까지 1,200명이 넘는 학생들의 진로 상담을 하며 수많은 학부모께 수없는 질문을 받았습니다. 늘 최선을 다해 답하려 노력했지만 혹여 시간이 부족해 놓친 부분은 없을까, 마음 한편에 안타까움이 있었습니다.

　"우리 아이는 왜 공부를 싫어할까요? 어떻게 하면 아이의 잠재력을 키울 수 있을까요? 입시 제도가 너무 복잡해서 어떻게 해야 할지 모르겠어요"와 같은 질문들은 매번 강연과 상담의 중심에 있었습니다. 특히 '우리나라처럼 대입 제도가 불안정한 나라가 없다'라는 말처럼, 불확실한 미래에 대한 불안감이 학부모님들의 어깨를 무겁게 하고 있음을 느꼈습니다.

그래서 그동안 받았던 질문들을 꼼꼼히 정리하고, 그 질문들에 대한 답변을 통해 학부모님들의 고민을 해결하려고 이 책을 쓰게 되었습니다. 단순히 정보를 나열하는 것을 넘어, 학부모님들이 왜 그러한 질문을 하는지 그 마음을 헤아리고 어려움을 공감하고자 했습니다.

내 아이가 공부를 잘했으면 하는 바람은 대부분 학부모의 바람일 것입니다. 공부란 일반적인 학습 역량을 높이는 공부도 있지만 내가 가진 강점을 이해하고 더 강하게 만드는 공부도 있습니다. 공부하라는 말은 넘치도록 하지만 왜 공부를 해야 하는지 이유를 아는 데에는 소홀하다면, 그 이유를 발견할 수 있게 해주는 것도 부모의 역할이 될 수 있습니다.

축적된 경험을 바탕으로 최근 교육 흐름과 이론을 반영하여 정리했습니다. 공부가 아이의 길이 되도록 하려면, 아이들이 공부하는 이유를 알게 하려면, 스스로 공부할 마음이 들게 하려면, 부모가 어떤 역할을 해야 하는지에 대한 길잡이가 되었으면 좋겠습니다.

이 책을 통해 학부모님들이 자녀를 단순히 좋은 대학에 보내는 것을 목표로 삼는 것이 아니라, 스스로 생각하고 판단하며 행복하게 살아갈 수 있도록 돕는 진정한 교육의 의미를 되새길 수 있게 되기를 바랍니다. 또한, 부모와 자녀가 함께 성장하며 행복한 가정을 만들어나갈 수 있기를 바랍니다. 학부모께서 먼저 읽고 자녀에게 넌지시 건네주며 권유할 수 있는 책이 되었으면 좋겠습니다.

제 딸이 손주를 키우며 이 책을 교본처럼 보며 도움을 받았으면 하는 바람으로, 진심을 담아 썼습니다.

2024년 가을

오평선

## 차례

───────── 1부 ─────────
# 누구를 위한
# 누구의 인생인가
───────────────────────

———— 2부 ————
깎아내린 '완벽'이 아닌
쌓아올린 '특별함'으로

1부

# 누구를 위한
# 누구의 인생인가

# 01

# 아이의 약점이 아닌
# 강점을 보자

과거에는 아이의 약점을 보완하는 데 집중하는 교육 방식이 주를 이루었습니다. "너는 왜 이렇게 못하니? 이 부분은 좀 더 노력해야겠다" 같은 부정적인 피드백은 아이의 자존감을 떨어뜨리고 학습 의욕을 감소시키는 주요 원인이었습니다. 이러한 약점 중심 교육은 아이에게 스트레스를 유발하여 오히려 학습 효과를 떨어뜨리고, 장기적으로는 학습 포기나 심리적 문제까지 야기했습니다. 인간은 기질적으로 강한 부분과 약한 부분이 있습니다. 그런데 우리는 약점을 중심으로 접근하고 이를 보강하기 위해 에너지를 쓰고 노력합니다. 하지만 약점을 열심히 보완해도 최상의 결과는 평범함에 그칩니다.

최근 연구 결과에 따르면, 아이의 강점을 발견하고 키우는 것이 아이의 성장에 훨씬 더 효과적이라는 사실이 밝혀졌습니다. 예를 들어, 심리학자 마틴 셀리그먼(Martin Seligman)의 긍정심리학 연구에 따르면 사람은 자신의 강점을 활용할 때 더 높은 성취감을 느끼고 더 행복해진다고 합니다. 긍정적인 피드백과 칭찬은 아이의 자존감을 높이고, 스스로 문제를 해결하려는 능력을 키우며, 학습에 대한 흥미를 유발합니다.

이제 부모의 사고를 바꿔야 합니다. 약점은 사회생활을 하는 데 큰 어려움이 없는 정도에서 보강하고, 관점을 아이의 강점이 무엇인지 발견하고 인정하여 강점을 더 강하게 만들어가도록 해야 합니다. 아이의 자존감을 높이고, 자신감을 키우는 것이 중요합니다. 강점을 중심으로 한 교육은 아이가 자신의 잠재력을 최대한 발휘할 수 있도록 도와줍니다.

성공한 사람들의 공통점 중 하나는 자신의 강점을 극대화하고, 이를 통해 자신만의 독창적인 길을 개척했다는 것입니다. 자신의 강점을 살리는 데 에너지와 노력을 사용해야 남과 다른 내가 만들어집니다. 차별성은 상품뿐만 아니라 우리 아이들에게서도 커다란 무기가 됩니다.

아이의 강점을 발견하기 위해서는 다양한 지능 이론을 참고할 수 있습니다. 가드너의 다중지능 이론은 언어, 논리 수학, 공간,

신체 운동, 음악, 대인 관계, 자기 성찰, 자연 탐구 등 다양한 지능이 존재하며, 각 개인마다 강점으로 발휘되는 지능이 다르다고 설명합니다. 예를 들어, 언어 능력이 뛰어난 아이는 글쓰기나 토론에서 강점을 보일 수 있으며, 공간 능력이 뛰어난 아이는 미술이나 건축 분야에서 뛰어난 재능을 발휘할 수 있습니다.

일반적으로 부모는 성적이 좋은 경우, 예체능에 확실한 재능이 보이는 경우만을 능력으로 제한하는 경향이 있습니다. 공부를 잘하는 능력은 무수한 능력 중 하나일 뿐입니다. 부모는 아이의 강점을 발견하기 위해 다양한 활동을 제공하고, 아이의 관심사를 지지하며, 칭찬과 격려를 아끼지 않아야 합니다. 강점 중심 교육은 아이의 학습 성취도뿐만 아니라 정서적 안정, 사회성 발달, 자기 효능감 향상 등 아이의 전반적인 성장에 긍정적인 영향을 미칠 것입니다.

# 하워드 가드너의 다중지능이론

일반적으로 개인의 강점은 2~3개의 다중지능이 유기적으로 결합되어 형성됩니다. 예를 들어, 축구선수 손흥민 선수는 뛰어난 신체 운동 능력뿐만 아니라, 공간을 정확하게 인지하고 전략을 수립하는 시각 공간 지능, 팀원들과 원활하게 소통하고 협력하는 대인 관계 지능, 그리고 끊임없이 자기 자신을 돌아보고 발전시키는 자기 성찰 지능이 융합되어 세계적인 선수로 성장할 수 있었습니다.

마찬가지로 방송인 유재석 씨는 재치 있는 언어 구사 능력과 사람들과의 관계를 원만하게 이어가는 능력, 그리고 끊임없이 새로운 것을 배우고 발전하려는 자기 성찰 능력이 조화를 이루며 국민 MC라는 타이틀을 얻었습니다.

디자이너 이상봉 씨는 시각 공간 지능을 기반으로 독창적인 디자인을 창조하고, 언어 지능을 통해 자신의 디자인을 효과적으로 설명하며, 자기 성찰 지능을 통해 끊임없이 새로운 영감을 얻습니다. 가수 윤하 씨는 뛰어난 음악적 재능과 감성적인 가사를 쓰는 언어 능력, 그리고 끊임없이 음악적 역량을 발전시키려는

## 인지적+정서적 능력 / 효능감 측정

| 언어 지능 | 논리 수학 지능 | 시각 공간 지능 | 신체 운동 지능 |
|---|---|---|---|
| 독서, 말하기, 쓰기, 듣기 | 수학, 과학, 논리, 사고력 | 색, 선, 모양, 형태, 공간, 시각능력 | 운동, 손재주, 활동성 |
| 작가, 변호사 | 과학자, 수학자 | 건축가, 디자이너 | 운동선수, 조각가 |

| 음악 | 대인 관계 지능 | 자기 성찰 지능 | 자연 친화 지능 |
|---|---|---|---|
| 작곡, 가창, 청음, 연주 | 친화력, 리더십, 타인공감, 조직적응 | 자아성찰, 독립심, 자기통제, 자기이해, 자존감 | 인체탐구, 동식물 과학친화, 환경보존 |
| 작곡가 | 상담사, 정치가 | 심리치료사, 종교지도사 | 환경학자, 수의사 |

**다중지능검사** 능력 적성을 말하며, 능력 적성은 내가 잘하는 분야(강점)와 그에 해당하는 직업을 찾는 것을 의미한다. 8개의 지적·정서적 지능 영역으로 구성(아홉 번째, 실존지능)된다.

자기 성찰 능력을 바탕으로 많은 사람들에게 감동을 선사합니다. 심장병 전문의 송명근 박사는 복잡한 의학 지식을 이해하고 분석하는 논리 수학 지능, 자연 현상에 대한 깊은 이해를 바탕으로 질병을 진단하고 치료하는 자연 친화 지능, 그리고 끊임없이 새로운 의학 지식을 습득하고 발전시키는 자기 성찰 지능을 바탕으로 많은 환자들의 생명을 살리고 있습니다.

이처럼 다양한 분야의 성공적인 인물들은 각자의 고유한 지능 조합을 통해 독창적인 강점을 발휘하고 있습니다. 개인의 강점은 단순히 하나의 지능에 의해 결정되는 것이 아니라, 여러 지능이 복합적으로 작용하여 만들어집니다. 그리고 이러한 강점은 잠재력을 최대한 발휘하고, 삶의 만족도를 높이는 데 중요한 역할을 합니다. 따라서 강점을 발견하고 이를 개발하기 위한 노력을 지속해야 합니다. 다양한 경험을 통해 개개인에게 맞는 지능을 찾고, 이를 바탕으로 꿈을 향해 나아가는 것이 중요합니다.

## 다양한 지능의 종류와 특징

다중지능 이론은 인간의 지능이 단순한 IQ 점수로만 평가될 수 없으며, 다양한 형태로 나타난다는 것을 강조합니다. 각 개인은 여러 가지 지능을 가지고 있으며, 이러한 지능들은 서로 독립적이면서도 상호작용합니다.

언어 지능은 말하기, 쓰기, 읽기, 듣기 등 언어를 사용하여 생각하고 소통하는 능력입니다. 토론, 글쓰기, 모국어, 외국어 학습 등에 뛰어난 능력을 보입니다.

논리 수학 지능은 수리적 문제를 해결하고 논리적인 사고를 하는 능력입니다. 수학, 과학, 컴퓨터 프로그래밍 등의 분야뿐만 아니라 데이터 분석, 금융, 경영 등 다양한 분야에서도 논리 수학 지능이 요구됩니다. 특히 인공지능(AI) 분야는 수학적 언어를 기반으로 발전하기 때문에 논리 수학 지능이 매우 중요합니다.

음악 지능은 음악을 감상하고 연주하며 창작하는 능력입니다. 리듬, 음색, 화성 등 음악적인 요소를 이해하고 활용하는 능력이 뛰어납니다.

시각 공간 지능은 시각적인 정보를 해석하고 공간을 인지하는 능력입니다. 마음속 공간적 표상이나 이미지를 구성하는 능력과 색깔, 선, 모양 구분 능력, 3차원적인 공간 세계를 정확히 이해하여 그림 그리기, 건축, 디자인 등 시각적인 표현 능력이 뛰어납니다. 길 찾기, 지도 읽기, 퍼즐 맞추기, 그리고 과학 실험 도구 조작 등 다양한 활동에서도 중요한 역할을 합니다.

신체 운동 지능은 신체를 사용하여 다양한 활동을 수행하고 몸을 조절하는 능력입니다. 스포츠, 무용, 수공예 등 신체적인 활동과 손재주에 뛰어난 능력을 보입니다.

대인 관계 지능은 다른 사람의 감정과 생각을 이해하고, 효과적으로 소통하며 관계를 형성하는 능력입니다. 리더십, 협동심, 공감 능력 등이 여기에 속합니다.

자기 성찰 지능은 자신의 강점, 약점, 감정, 가치관 등을 이해하고, 자기 자신을 효과적으로 관리하는 능력입니다. 자기 성찰, 자기 조절 능력이 뛰어납니다. 다른 지능을 효과적으로 활용하기 위해서는 자기 성찰 지능이 필수적입니다.

자연 친화 지능은 자연 현상에 대한 관심과 이해를 바탕으로 자연과 상호작용하는 능력입니다. 생물학, 지리학, 환경 과학 등 자연과 관련된 분야에 흥미를 느끼고 뛰어난 능력을 발휘합니다.

# 02

# 즐기는 것과 일하는 능력은
# 다르다

저는 노래를 좋아하지만 아무리 노력해도 노래를 잘할 수 없다는 사실에 실망했던 경험이 있습니다. 마찬가지로, 축구를 좋아하는 아이들이 모두 축구선수가 되는 것은 아닙니다. 많은 분들이 공감할 수 있는 경험이라고 생각합니다. 모든 사람이 의도적인 연습을 통해 전문가 수준에 도달할 수 있는 것은 아니니까요. 흥미와 재능은 분명히 연결되어 있지만, 반드시 일치하는 것은 아닙니다. 흥미는 어떤 일에 대한 호기심과 즐거움을 느끼는 감정적인 측면이고, 재능은 특정 분야에서 뛰어난 능력을 보이는 잠재력을 의미합니다. 아이들이 자신의 흥미와 현실적인 능력

사이에서 갈등을 겪는 모습을 보일 때에, 부모는 아이의 꿈을 존중하면서도 현실적인 조언을 해줄 필요가 있습니다.

초기에는 흥미가 재능을 발휘하는 데 중요한 역할을 하고, 꾸준한 노력과 훈련을 통해 어느 정도 재능을 개발할 수도 있습니다. 하지만 모든 분야에서 뛰어난 재능을 발휘하기는 어렵기 때문에, 자신이 가장 잘하고 즐길 수 있는 분야에 집중하는 것이 중요합니다. 『또 다른 90퍼센트(The other 90 percent)』의 저자 로버트 쿠퍼 박사는 "아주 저조한 수행 결과가 나타난 분야의 일을 평균 수준으로 끌어올리려면 막대한 시간과 노력과 정력이 소비되지만, 잘하는 분야의 수행 결과를 최상의 상태로 끌어올리는 데는 시간과 노력이 별로 들지 않는다"라고 했습니다. 잘하는 분야를 더욱 발전시키는 것이 시간과 노력을 절약하는 효과적인 방법일 수 있습니다.

흥미와 재능은 유전적인 요인뿐만 아니라 환경적인 요인의 영향을 크게 받습니다. 가족의 지원, 친구들과의 교류, 교육 환경 등 다양한 환경 요인이 개인의 흥미와 재능을 형성하고 발달시킵니다. 따라서 자신의 흥미와 재능을 찾기 위해서는 다양한 경험을 해보고, 자신에게 맞는 환경을 찾는 노력이 필요합니다.

자신의 강점을 파악하고 이를 바탕으로 진로를 탐색하는 것은 매우 중요합니다. 강점을 활용하면 더욱 쉽게 목표를 달성하고, 삶의 만족도를 높일 수 있습니다. 하지만 모든 사람이 처음부터 자신의 강점을 정확하게 파악하기는 어렵습니다. 따라서 다양한 진로 검사를 받아보거나 진로 상담 전문가의 도움을 받는 것도 좋은 방법입니다.

좋아하는 일을 잘하는 것은 이상적인 상황이지만, 현실적으로는 어려울 수 있습니다. 중요한 것은 자신이 좋아하는 일을 찾고, 이를 바탕으로 꾸준히 노력하는 것입니다. 실패를 두려워하지 않고, 새로운 것에 도전하는 자세가 필요합니다. 자신에게 맞는 진로를 선택하고, 끊임없이 배우고 성장하는 과정을 통해 행복한 삶을 만들어나갈 수 있을 것입니다.

# 스윗 스팟(Sweet spot)

스윗 스팟이란, 말 그대로 가장 달콤한 지점, 즉 개인의 흥미와 재능과 시장의 요구가 일치하는 지점을 의미합니다. 개인이 가장 효과적으로 자신의 잠재력을 발휘하고, 동시에 사회에 기여하며 만족감을 얻을 수 있는 최적의 상태입니다.

## 스윗 스팟 이론의 핵심

흥미(Passion): 어떤 일에 몰두하고 즐거움을 느끼는 것으로, 내적인 동기 부여의 원천입니다.

재능(Talent): 특정 분야에서 뛰어난 능력을 보이는 것으로, 타고난 소질과 꾸준한 노력을 통해 개발될 수 있습니다.

시장의 요구(Market need): 사회가 필요로 하는 것으로, 개인의 능력을 통해 사회에 기여할 수 있는 부분입니다.

이 세 가지 요소가 조화를 이룰 때, 개인은 최고의 성과를 내고 삶의 만족도를 높일 수 있습니다.

스윗 스팟을 찾기 위해서는 자기 탐색이 먼저 이루어져야 합

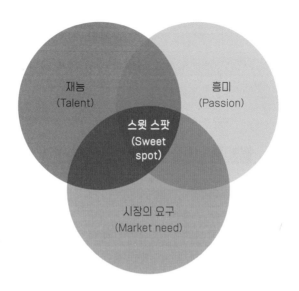

니다. 다양한 경험을 통해 자신이 무엇을 좋아하고 즐기는지 흥미를 파악합니다. 자신의 강점과 약점을 알고 재능을 파악합니다. 삶에서 중요하게 생각하는 가치관을 명확히 합니다.

둘째로는 시장의 분석이 필요합니다. 자신의 흥미와 재능을 살릴 수 있는 분야의 시장 동향을 분석하고, 해당 분야의 미래 성장 가능성을 고려합니다. 경쟁 환경을 분석하여 자신만의 차별화된 강점을 찾습니다.

그다음, 세 가지 요소의 교집합, 흥미, 재능, 시장의 요구가 겹치는 부분을 찾아봅니다. 스윗 스팟을 찾는 것은 일회성의 과정이 아니라, 끊임없이 자신을 발전시키고 시장 변화에 맞춰 재조

정하는 과정입니다. 스윗 스팟을 찾게 되면, 자신감과 만족감을 얻을 수 있을 뿐만 아니라, 높은 성과를 창출하고 즐겁게 일하며 삶의 질을 향상시킬 수 있습니다.

## 스윗 스팟을 찾는 것이 중요한 이유

자신이 좋아하는 일을 잘하기 때문에 너욱 높은 성과를 기대할 수 있습니다. 일 자체에 대한 만족감뿐만 아니라, 사회에 기여한다는 성취감을 느낄 수 있습니다. 흥미와 재능을 기반으로 하기 때문에 장기적으로 지속 가능한 성장이 가능합니다.

## 스윗 스팟을 찾는 데 도움이 되는 질문

나는 무엇을 할 때 가장 행복한가?

나는 어떤 일을 잘하는가?

세상은 무엇을 필요로 하고 있을까?

내가 가진 강점으로 어떤 문제를 해결할 수 있을까?

내가 이루고 싶은 삶은 어떤 모습인가?

스윗 스팟은 단순히 직업을 선택하는 문제를 넘어, 삶의 방향성을 설정하는 데 중요한 역할을 합니다. 스윗 스팟을 찾기 위한 노력은 끊임없이 자신을 탐색하고 발전시키는 과정이며, 이를 통해 우리는 더욱 행복하고 의미 있는 삶을 살 수 있습니다.

스윗 스팟은 개인의 흥미, 재능, 시장의 요구라는 세 가지 요소의 상호작용을 통해 형성됩니다. 따라서 스윗 스팟은 고정되어 있는 것이 아니라, 개인의 성장과 시장의 변화에 따라 유동적으로 변화할 수 있습니다. 중요한 것은 끊임없이 자신을 탐색하고, 새로운 가능성을 열어두는 자세입니다.

# 03

# 자존감은
# 삶을 이끌어가는 동력

상담했던 학생들 중 기억에 남는 사례가 있습니다. 강남권 명문 여고 2학년 학생으로, 학업 성적은 상위권, 학생회장까지 역임하며 겉으로 보기에는 모든 것을 갖춘 듯 보였지만 진로 상담을 진행하며 예상치 못한 어려움을 발견했습니다. 다중지능 검사결과 학업 능력이 매우 뛰어나게 나타났지만, 정작 본인은 자신이 무엇을 잘하는지, 좋아하는 것이 무엇인지 알지 못한다며 끊임없이 자기 자신을 의심하는 것이었습니다. 마치 밝게 빛나는 빛 아래 숨겨진 그림자와도 같이 느껴졌습니다.

이 학생의 경우, 다중지능 검사에서 자기 성찰 지능이 유독 낮게 나타났습니다. 일반적으로 학업 성적이 우수한 학생들은 자기 성찰 능력 또한 높은 편인데, 이 학생은 예외였던 것이죠. 자기 성찰 능력은 자기 이해, 자아 성찰, 자존감과 밀접한 관련이 있습니다. 즉, 자신을 객관적으로 바라보고 이해하며, 스스로를 존중하는 능력이 부족했던 것입니다.

상담 과정에서 학생의 어머니는 "아이가 늘 자신감이 없어 보여 걱정"이라고 토로했습니다. 겉으로는 모든 것을 잘 해내는 듯 보였지만, 내면에는 자존감 부족이라는 큰 상처를 안고 있었던 것입니다.

왜 이런 일이 발생했을까? 비슷한 사례를 종합해볼 때, 부모의 과도한 기대와 칭찬에 대한 부담감이 주된 원인이라고 생각됩니다. 부모는 아이의 성공을 진심으로 바라지만, 때로는 과도한 기대와 비교로 인해 아이에게 무의식적으로 부담감을 주기도 합니다. 특히 '잘해야 한다'는 강박관념은 아이를 끊임없이 자책하게 만들고, 스스로에 대한 믿음을 잃게 할 수도 있습니다.

이 학생의 경우도 마찬가지였습니다. 부모는 아이의 성적과 학생회 활동에 대해 칭찬도 했지만 자만하면 안 되는 염려에 더 큰 성과를 독려했습니다. 정작 아이는 칭찬까지도 부담을 느끼고 있었습니다. 마치 '완벽해야 한다'는 기대에 짓눌려 숨이 막혀 하는 듯한 느낌이었습니다.

자존감이 낮은 아이들은 작은 실패에도 쉽게 좌절하고, 자신을 비난하는 경향이 있습니다. 마치 모래성 위에 지은 집처럼 불안정한 상태를 만들고, 결국에는 자신감을 완전히 잃게 될 수도 있습니다. 이 학생의 경우, 자존감을 회복하기 위해서는 먼저 자신에 대한 기대를 낮추고, 작은 성공 경험을 쌓는 것이 중요했습니다. 또한, 부모는 아이의 성취와 결과보다는 노력과 성장 과정을 칭찬하고 격려하며, 아이 스스로 문제를 해결할 수 있도록 돕는 것이 필요했습니다.

자존감은 단순히 자신을 좋아하는 마음을 넘어, 삶을 살아가는 데 있어 매우 중요한 역할을 합니다. 자존감이 높은 사람은 어려움에 직면했을 때 쉽게 포기하지 않고, 긍정적인 태도로 문제를 해결해나갈 수 있는 반면, 자존감이 낮은 사람은 작은 실패에도 쉽게 좌절하고, 삶에 대한 만족도가 낮은 경우가 많습니다.

따라서 아이의 자존감을 키워주는 데 있어 부모가 적극적인 역할을 해야 합니다. 아이의 강점을 발견하고 칭찬하며, 스스로 문제를 해결할 수 있도록 도와야 합니다. 아이가 실패를 경험했을 때는 비난보다는 격려와 지지가 필요합니다.

자존감은 하루아침에 만들어지는 것이 아닙니다. 꾸준한 노력과 긍정적인 경험을 통해서만 키울 수 있습니다.

# 자신감, 자아존중감, 자기 효능감의 차이와 중요성

자신감, 자아존중감, 자기 효능감은 종종 혼용되어 사용되지만, 각각 다른 의미를 지니고 있습니다.

자신감은 다른 사람에게 인정받고 싶어 하는 욕구에서 비롯됩니다. 즉, 타인의 평가에 의해 좌우되는 주관적인 감정입니다.

자아존중감은 타인의 평가와 상관없이 스스로를 존중하고 사랑하는 마음입니다. 객관적인 자기 평가를 바탕으로 형성되며, 긍정적인 자아 개념을 형성하는 데 기반이 됩니다.

자기 효능감은 특정한 상황이나 과제를 성공적으로 수행할 수 있다는 믿음입니다. 즉, 자신의 능력에 대한 신뢰감이라고 할 수 있습니다.

자아존중감이 높은 사람은 자신의 능력을 믿고, 스스로 결정한 일에 최선을 다합니다. 또한 자신의 가치를 인정하기 때문에 다른 사람의 가치도 존중하기에, 건강한 대인 관계를 형성할 수 있습니다. 반면 자아존중감이 낮은 사람은 자신에 대한 불안과 불확실함으로 인해 스스로를 작게 평가하고, 다른 사람에게 의존하는 경향이 있습니다. 이는 자율성과 개성을 잃게 만들고, 삶의 만족도를 떨어뜨릴 수 있습니다.

자기 효능감은 긍정적인 자아상을 형성하고, 목표 달성을 위한 동기를 부여합니다. 높은 자기 효능감을 가진 사람은 어려움에 직면했을 때도 쉽게 포기하지 않고, 끊임없이 노력하여 성공을 이룰 수 있습니다. 반대로 낮은 자기 효능감은 실패에 대한 두려움을 증가시키고 새로운 도전을 꺼리게 만들어 성장을 저해할 수 있습니다.

## 자아존중감을 높이는 방법

교육심리학자 제르맹 뒤클로(Germain Duclos)는 자아존중감을 높이는 핵심 요소로 '자신감, 긍정적인 자아상, 소속감, 능력에 대한 자부심'을 꼽았습니다. 즉, 성공 경험을 통해 자신감과 능력에 대한 자부심을 키우고, 칭찬과 격려를 통해 긍정적인 자아상과 소속감을 형성하는 것이 중요하다는 의미입니다.

새로운 것을 배우거나 경험하는 것은 삶에 활력을 불어넣고, 자기 효능감을 높이는 데 도움이 됩니다. 작은 성공이라도 경험하고 축하하는 것이 자존감 향상에 매우 중요합니다. 성공 경험은 자신감과 자기 효능감을 높여주는 강력한 원동력이 됩니다. 달성할 수 있는 작은 목표를 설정하고, 이를 달성했을 때 스스로에게 보상을 해주는 것이 좋습니다.

긍정적인 자기 대화를 통해 자아상을 형성할 수 있습니다. 자신을 비난하거나 부정적인 생각을 하는 대신, 긍정적인 말로 자신을 격려하고 지지하는 것이 중요합니다. "나는 할 수 있다"와 같은 긍정적인 표현을 사용하여 자신을 격려합니다. 매일 아침 거울을 보며 자신에게 긍정적인 메시지를 전달하는 습관을 들여보세요.

가족, 친구, 동료 등 자신이 속한 공동체에서 소속감을 느끼도록 노력해야 합니다. 다양한 사회 활동에 참여하여 사람들과 교류하고 관계를 형성하는 것이 좋습니다. 비슷한 관심사를 가진 사람들과 모임을 만들거나, 이미 존재하는 모임에 참여하는 것도 좋은 방법입니다.

——— 04 ———

# 부모는
# 별을 보라 하네

작은 상담실 분위기는 싸늘하기 그지없었습니다. 마치 폭풍 전
야처럼 팽팽한 긴장감이 감돌았습니다. 외모는 성인인 고등학교
1학년 남학생과 부모가 내 앞에 앉아 있었고, 그들의 대화는 곧
격렬한 설전으로 번졌습니다. 급기야 막말에 가까운 소리가 오고
가면서 상황은 더욱 악화되었습니다.

아버지는 아이에게 공무원의 길을 강력하게 주장했습니다. 안
정적인 직업이라는 이유에서였습니다. 반면, 학생은 해외 마케팅
전문가라는 뚜렷한 목표를 가지고 있었고, 베이징대 진학을 위해
혼자서 열심히 준비해왔습니다. 의견 충돌은 단순한 수준을 넘어
심각한 갈등으로 이어졌습니다. 학생은 그동안 스스로 공부 계획

을 세우고 성적도 우수하게 유지해왔지만, 이러한 갈등 이후에는 모든 것을 중단하고 힘겨워하는 모습을 보였습니다.

각자의 입장을 파악하기 위해 학생과 부모를 따로 상담했습니다. 학생은 자신의 꿈을 향한 열정을 강하게 표현했고, 부모는 자녀의 미래를 걱정하는 마음을 내비쳤습니다. 긴 시간에 걸쳐 아버지를 설득한 결과, 다행히 일주일 후 아버지가 마음을 바꾸고 학생의 진로를 존중하겠다는 연락을 받았습니다.

부모와 자녀 간의 진로 갈등은 많은 가정에서 흔히 발생하는 문제입니다. 부모는 자녀가 자신과 같은 시행착오를 겪지 않고 안정적인 삶을 살기를 바라는 마음에서 자연스럽게 진로에 관여하게 됩니다. 하지만 자녀의 개성과 꿈을 존중하지 않고 일방적으로 진로를 결정하려 할 때 갈등은 더욱 심화될 수 있습니다.

아이와 부모가 생각하는 희망 직업은 다를 수밖에 없습니다. 부모는 사회생활을 통해 얻은 경험과 지식을 바탕으로 자녀에게 조언을 하지만, 자녀는 새로운 시대의 가치관과 트렌드를 반영한 직업을 꿈꿉니다. 이러한 차이는 세대 간의 차이에서 비롯되기도 하고, 각자의 성격과 적성의 차이에서 비롯되기도 합니다.

진로 선택은 인생의 중요한 결정이므로 신중하게 접근해야 합니다. 하지만 진로를 선택하는 주체는 자녀임을 명심해야 합니다. 부모는 자녀의 의견을 존중하고, 다양한 정보를 제공하여 자녀가 스스로 결정할 수 있도록 돕는 역할을 해야 합니다.

그렇다면 부모는 어떻게 자녀의 진로를 지지하고 도울 수 있을까요?

자녀의 생각을 경청하고, 자신의 생각을 솔직하게 이야기하며 서로를 이해하려는 노력이 필요합니다. 다양한 직업 정보를 제공하고, 진로 검사를 통해 자녀의 적성과 흥미를 파악하도록 도와야 합니다. 이 과정에 필요하다면 진로 상담 전문가의 도움을 받아 객관적인 조언을 얻을 수도 있습니다.

무엇보다 자녀가 스스로 결정하고 책임질 수 있도록 기회를 제공하면서, 자녀의 선택을 존중하고, 실패를 두려워하지 않도록 격려해야겠습니다.

부모의 과도한 간섭이 자녀의 성장을 저해할 수 있다는 점을 기억해야 합니다. 자녀가 스스로 선택한 길이라면 비록 어려움이 있더라도 끈기 있게 노력할 수 있을 것입니다. 부모는 자녀의 든든한 지원군이 되어주는 것이 중요합니다.

진로 선택은 개인의 삶의 방향을 결정하는 중요한 문제이므로 신중하게 접근해야 합니다. 부모와 자녀가 서로 존중하고 협력하여 최선의 선택을 할 수 있도록 노력해야 합니다. 자녀의 꿈을 응원하고 지지하는 부모의 따뜻한 마음이야말로 자녀의 성공적인 미래를 위한 가장 큰 자산이 될 것입니다.

# 로미오와 줄리엣 효과

아이의 생각을 지나치게 부정하거나 반대하면 의도치 않은 역효과를 불러올 수 있다는 점을 명심해야 합니다. 부모의 반대에 부딪힌 아이는 자신이 스스로 결정한 것이 아니라는 생각에 사로잡혀 주도성을 잃고, 결국 진로에 대한 책임감마저 느끼지 못하게 될 수 있습니다.

로미오와 줄리엣 효과(Romeo and Juliet effect)라는 말을 들어보셨나요? 부모의 반대에 부딪힐수록 오히려 더욱 강하게 자신의 선택을 고수하려는 심리 현상을 일컫는 말입니다. 마치 셰익스피어의 희곡 「로미오와 줄리엣」에서 두 주인공이 가문의 반대에도 불구하고 사랑을 지키려 했던 것처럼, 아이들도 부모의 기대에 못 미치는 선택일지라도 자신의 생각을 관철시키려는 강한 의지를 보이는 것을 의미합니다.

아이들의 진로 결정에 있어 부모의 역할은 매우 중요합니다. 하지만 무조건 자신의 생각을 강요하거나 비난하기보다는, 아이의 의견을 경청하고 존중하는 자세가 필요합니다. 때로는 부모 자신이 좋아하는 것을 아이가 좋아한다고 착각하는 경우도 있습니다. 아이의 관심사와 적성을 파악하기 위해 노력하고, 아이의 입장에서 생각하려는 노력이 필요합니다. 아이가 자신의 잠재력을 발견하고 독립적인 사고를 할 수 있도록 돕는 중요한 과정입니다.

## 부모가 아이의 진로를 지지하고 돕는 방법

경청: 아이의 이야기를 끝까지 들어주고, 아이의 생각을 존중합니다.

공감: 아이의 감정을 이해하고 공감하며, 아이의 입장에서 생각하려고 노력합니다.

지지: 아이의 선택을 지지하고, 용기를 북돋아줍니다.

정보: 여러 직업 정보를 제공하고, 진로 상담을 통해 아이가 스스로 결정할 수 있도록 돕습니다.

경험: 다양한 경험을 통해 아이가 자신의 적성과 흥미를 발견할 수 있도록 지원합니다.

자율성: 아이 스스로 결정하고 책임질 수 있도록 기회를 제공합니다.


아이의 진로는 부모의 소유물이 아니라, 아이 스스로 개척해 나가야 할 미래입니다. 부모는 단지 아이의 성장을 돕는 조력자의 역할을 수행할 수 있을 뿐입니다. 아이의 진로 결정은 단순히 직업 선택을 넘어, 인생의 방향을 설정하는 중요한 과정입니다. 아이가 자신의 삶에 대한 주도권을 갖고 행복하게 살아가기 위한 첫걸음입니다. 부모와 자녀가 함께 고민하고, 서로를 존중하며 최선의 선택을 할 수 있도록 노력해야 합니다.

# 05

# 정해진 길만 따라가는 아이는
# 벽에 부딪힌다

아이들은 세상에 대한 끊임없는 호기심으로 가득합니다. 다양한 질문을 쏟아내며 세상을 탐구하려고 하지요. 그러나 안타깝게도 많은 어른들은 아이들의 질문에 진지하게 귀 기울이기보다는 "원래 그런 거야. 크면 다 알게 돼", "네가 알아서 뭐 하게?"와 같은 반응을 보이며 아이들의 호기심에 찬물을 끼얹곤 합니다.

이는 아이들의 창의적인 사고를 가로막는 큰 장애물입니다. 아이들은 질문을 통해 세상을 이해하고 스스로 생각하는 힘을 키워나가는데, 어른들의 부정적인 반응은 아이들을 위축시키고, 궁금증을 해소하려는 의지를 꺾어버릴 수 있기 때문입니다.

우리 사회는 오랫동안 정답을 찾는 교육에 익숙해져왔습니다.

시험에서 높은 점수를 받고, 정해진 틀 안에서 문제를 해결하는 능력이 중요시되었습니다. 하지만 미래 사회는 예측 불가능한 변화와 복잡한 문제들로 가득할 것입니다. 이러한 상황 속에서 정해진 답을 찾는 능력보다 중요한 것은 문제를 해결하기 위한 다양한 아이디어를 창출하고, 유연하게 사고하는 능력입니다.

한 대학교와 자사고의 면접에서도 나온 "보행자 신호에 빨간불이 들어와 있는데 지나가도 될까요?"라는 질문은 이러한 문제점을 잘 보여줍니다. 면접관들은 정답을 듣고 싶었던 것이 아니라, 학생들이 어떤 논리로 자신의 생각을 펼칠 수 있는지를 보고 싶었던 것입니다.

인공지능의 발달은 우리 사회를 빠르게 변화시키고 있습니다. 과거에는 정답을 암기하고 문제를 해결하는 능력이 중요했지만, 이제는 인공지능이 인간이 하던 많은 일들을 대신하게 되면서 창의성과 문제 해결 능력이 더욱 중요해졌습니다.

왜 창의성이 중요할까요? 인공지능은 끊임없이 발전하고 있으며, 우리는 이러한 변화에 빠르게 적응해야 합니다. 창의적인 사고를 통해 새로운 아이디어를 떠올리고, 문제를 해결하는 능력이 필요합니다. 현대 사회의 문제들은 단순한 답변으로 해결될 수 없습니다. 다양한 관점에서 문제를 바라보고, 창의적인 해결 방안을 모색해야 합니다.

아이들의 질문에 귀 기울이고, 칭찬과 격려를 아끼지 마십시오. 다양한 경험을 통해 아이들의 사고를 확장하고, 새로운 아이디어를 얻을 수 있도록 도와주십시오. 책을 통해 다양한 지식과 정보를 얻고, 상상력을 키울 수 있도록 도와주십시오. 가족 간에 토론을 통해 다양한 의견을 나누고, 논리적인 사고력을 키울 수 있도록 도와주십시오. 실패는 성공을 위한 디딤돌이라는 것을 가르치고, 아이들이 실패를 통해 배우고 성장할 수 있도록 격려하십시오.

미래 사회는 창의적인 인재를 필요로 합니다. 아이들의 창의성을 키우기 위해서는 부모의 역할이 매우 중요합니다. 아이들의 질문에 귀 기울이고, 다양한 경험을 제공하며, 토론 문화를 조성하는 노력이 필요합니다.

아이의 작은 아이디어도 소중히 다루고 격려해야 합니다. 아이들의 창의성은 미래 사회를 변화시키는 원동력이 될 것입니다.

# 탈무드식 토론: 아이들의 사고력을 키우는 비밀

탈무드를 중심으로 이루어지는 토론은 유대인 가정에서 오랜 전통으로 이어져 온 교육 방식입니다. 단순히 지식을 전달하는 것을 넘어 아이들의 사고력, 비판적 사고 능력, 의사소통 능력 등을 키우는 데 탁월한 효과를 발휘합니다.

## 탈무드식 토론의 핵심 원칙

첫째, 다양한 의견을 경청하는 자세입니다. 자신의 생각만을 고집하기보다는 상대방의 말에 귀 기울이고, 다른 관점에서 사물을 바라보려는 노력이 필요합니다.

둘째, 다양한 의견을 말할 수 있는 용기입니다. 자신의 생각을 논리적으로 표현하고, 다른 사람들과 의견을 교환하며 토론을 이끌어나가는 능력이 필요합니다.

셋째, 모두가 참여하는 토론 문화입니다. 모든 구성원이 자유롭게 의견을 개진하고, 서로의 생각을 존중하는 분위기를 조성하는 것이 중요합니다.

유대인들은 아이들이 어릴 때부터 가정에서부터 자연스럽게 토론을 경험하게 합니다. 『탈무드』를 함께 읽고, 다양한 질문을 던지며 서로의 생각을 나누는 과정에서 아이들은 논리적인 사고력과 비판적 사고력을 키워나갑니다. 또한, 다른 사람의 의견을 존중하고, 자신의 생각을 효과적으로 전달하는 방법을 배우게 됩니다.

탈무드식 토론이 아이들에게 미치는 긍정적인 영향은 다양합니다. 사고력이 향상됩니다. 다양한 관점에서 문제를 바라보고, 논리적인 사고를 통해 결론을 도출하는 능력이 향상됩니다. 비판적 사고 능력이 함양됩니다. 정보를 비판적으로 분석하고, 잘못된 정보를 걸러내는 능력이 길러집니다. 의사소통 능력이 늘어납니다. 자신의 생각을 명확하게 표현하고, 다른 사람과 효과적으로 소통하는 능력이 향상됩니다. 자신감이 증진됩니다. 자신의 의견을 당당하게 말하고, 다른 사람들과의 상호작용을 통해 자신감을 얻을 수 있습니다. 다양한 의견을 종합하여 문제를 해결하는 능력이 향상됩니다. 탈무드식 토론은 단순히 지식을 전달하는 것을 넘어, 아이들이 사회생활에 필요한 다양한 역량을 키울 수 있도록 돕습니다.

탈무드식 토론을 통해 아이들은 다양한 사람들의 의견을 존중하고, 협력하며 문제를 해결하는 능력을 키워 사회생활에 잘 적응할 수 있습니다. 새로운 문제에 직면했을 때, 기존의 틀에 얽매

이지 않고 창의적인 해결 방안을 모색할 수 있습니다. 토론을 주도하고, 다른 사람들을 이끌어가는 경험을 통해 리더십을 키울 수 있습니다.

탈무드식 토론은 아이들의 전인적인 성장을 위한 매우 효과적인 교육 방법입니다. 부모는 아이들이 즐겁게 토론에 참여할 수 있도록 다양한 활동을 제공하고, 격려해야 합니다. 탈무드식 토론을 통해 아이들은 미래 사회를 살아가는 데 필요한 다양한 역량을 갖춘 인재로 성장할 수 있을 것입니다.

# 06

# 너무 가깝게 너무 멀리하지
# 않아야 할 시기

아기가 태어나 세상에 첫발을 내딛는 순간부터 성장통이 시작됩니다. 작은 몸이 급격하게 성장하면서 느끼는 통증은 부모의 마음을 아프게 합니다. 하지만 아이는 성장통을 겪으며 더욱 단단하고 건강한 몸을 만들어갑니다. 마치 나비가 고치에서 벗어나기 위해 고통스러운 시간을 견뎌내듯이 말입니다.

사춘기는 또 다른 의미의 성장통입니다. 몸뿐만 아니라 정신적으로도 급격한 변화를 겪으며, 아이들은 혼란스럽고 불안한 감정을 느끼곤 합니다. 마치 정상과 비정상 사이를 끊임없이 오가는 듯한 느낌을 받기도 합니다. 생각과 행동이 일치하지 않고, 세상과 부딪히며 갈등을 겪는 것은 사춘기 아이들에게는 너무나 당연한 일입니다.

상담을 통해 만난 사춘기 아이들은 저마다 다른 모습을 보여주었습니다. 외향적인 아이들은 친구들과의 교류를 통해 어려움을 극복하려고 노력했고, 활동적인 아이들은 신체 활동을 통해 스트레스를 해소하기도 했습니다. 반면, 내향적인 아이들은 혼자 끙끙 앓거나, 갑작스럽게 감정이 폭발하는 경우도 있었습니다.

이처럼 사춘기 아이들의 행동은 개인의 기질과 성격에 따라 다르게 나타납니다. 하지만 공통적으로 나타나는 것은 불안정하고 예측 불가능한 감정 상태입니다. 마치 폭풍우가 몰아치는 바다처럼, 사춘기 아이들의 마음은 끊임없이 요동치고 있습니다.

사춘기 아이들의 행동은 단순히 호르몬의 변화 때문만이 아니라, 그동안의 경험과 환경의 영향을 받아 형성됩니다. 특히 부모와의 애착 관계는 사춘기 시기를 어떻게 보낼지를 결정하는 중요한 요소입니다.

애착 관계가 안정적인 아이들은 부모에게 자신의 어려움을 솔직하게 이야기하고, 지지를 받을 수 있기 때문에 사춘기를 비교적 원만하게 보내는 경향이 있습니다. 반면, 애착 관계가 불안정한 아이들은 자신의 감정을 표현하는 데 어려움을 느끼고, 혼자서 모든 것을 감당하려고 합니다. 이는 곧 불안, 우울, 자존감 저하 등 다양한 심리적 문제로 이어질 수 있습니다.

사춘기 자녀를 둔 부모라면 누구나 아이의 성장을 응원하고 싶어 합니다. 하지만 현실은 쉽지 않습니다. 아이의 변화된 모습에 당황하고, 때로는 화를 내기도 합니다. 그러니 부모의 역할이 더욱 중요해집니다.

사춘기 자녀를 대할 때 부모들은 흔히 '잔소리'라는 벽에 부딪히게 됩니다. 아무리 좋은 의도로 하는 말이라도 자녀에게는 귀에 거슬리는 소리로 들릴 수 있습니다. 이럴 때는 오히려 말을 아끼는 것이 현명할 수 있습니다.

자녀가 도움을 요청할 때까지 기다리는 것이 좋습니다. 물론, 아이가 어려움을 겪고 있는 모습을 보면 안타까운 마음에 먼저 다가가고 싶은 마음이 들겠지만, 자녀가 스스로 문제를 해결할 수 있도록 기다려주는 인내심이 필요합니다.

아이가 도움을 요청하는 눈빛을 보낸다면, 자연스럽게 다가가 그의 마음을 열어보려는 노력을 해야 합니다. 하지만 이때 중요한 것은 아이가 허용하는 범위 내에서 도움을 주는 것입니다. 과도한 간섭은 오히려 역효과를 불러일으킬 수 있으므로, 아이의 의견을 존중하고, 그의 선택을 지지해주는 것이 중요합니다.

사춘기 시기에는 학습적인 측면보다 부모와 자녀 간의 관계 형성에 더욱 신경을 써야 합니다. 아이와의 신뢰 관계를 바탕으로 서로를 이해하고, 공감하며, 함께 어려움을 극복해나가는 것이 중요합니다.

사춘기 자녀와의 관계는 끊임없는 노력과 인내심을 요구합니다. 사춘기는 아이들에게 있어 혼란스럽고 힘든 시기이지만, 동시에 성장의 기회이기도 합니다. 부모는 아이의 변화를 받아들이고, 그들의 독립적인 성장을 지지해야 합니다. 때로는 기다림과 인내가 필요하며, 때로는 용기 있는 대화가 필요합니다.

# 사춘기 자녀와의 효과적인 대화법

사춘기 자녀와의 소통은·부모에게 어려운 과제입니다. 닫힌 마음을 열고 진솔한 대화를 이끌어내기 위해서는 효과적인 대화법이 필요합니다.

양보다 질이 중요합니다

사춘기 자녀와의 대화에서는 양보다는 질이 중요합니다. 장황한 설명이나 잔소리보다는 간결하고 명확한 메시지를 전달하는 것이 좋습니다. 아이가 원하지 않는 상황에서는 짧게 말하고, 대화를 이어가기보다는 시간을 갖는 것이 좋습니다.

충고 대신 공감

아이에게 무조건적인 충고를 하기보다는, 부모의 생각을 1인칭으로 표현하며 공감하는 태도를 보여주는 것이 중요합니다. 예를 들어, "네가 지금 힘든 건 알겠지만, 내 생각에는 이렇게 하는 것이 좋을 것 같아"라고 말하기보다, "나도 네 나이 때 비슷한 경험을 했는데, 그때 나는 이렇게 생각했었어"라고 말하는 것이 더 효과적입니다.

긍정적인 경청과 리액션

아이의 말을 주의 깊게 듣고, 긍정적인 반응을 보여주는 것이 중요합니다. 아이의 말을 끊거나 무시하지 말고, 고개를 끄덕이거나 "그랬구나", "정말 그렇게 생각해?"와 같은 리액션을 통해 아이가 자신감을 가질 수 있도록 도와주세요.

아이의 관심사에 함께하기

아이가 좋아하는 것에 함께 관심을 가지고 대화를 시도해보세요. 아이가 좋아하는 음악, 게임, 드라마 등에 대해 이야기하며 공통점을 찾고, 함께 즐길 수 있는 활동을 해보는 것도 좋은 방법입니다.

즉각적이고 구체적인 칭찬

아이가 잘한 일이 있다면 즉각적으로 칭찬해주세요. 단순히 '잘했어'라는 칭찬보다는 구체적으로 어떤 행동이 좋았는지 설명해주는 것이 효과적입니다. 예를 들어, "숙제를 꼼꼼하게 잘했구나. 특히, 문제를 해결하는 과정이 정말 논리적이었어"라고 하는 것처럼 말입니다.

사춘기 자녀와의 관계 개선은 하루아침에 이루어지지 않습니다. 꾸준히 노력하고, 인내심을 가지고 기다려야 합니다. 아이에게 더 나은 부모가 되기 위해 스스로 노력하고 성장해야 합니다. 가장 중요한 것은 아이를 있는 그대로 사랑하고 존중하는 마음입니다. 아이의 감정을 이해하고, 아이의 입장에서 생각하려고 노력하는 것이 진정한 소통의 시작입니다.

# 07

# 꼭 순위를 봐야만
# 직성이 풀리나?

우리는 운동회처럼 누가 더 빠르고, 더 높이 뛰는지 겨루는 경쟁을 자연스럽게 받아들입니다. 그리고 이러한 경쟁은 어린 시절부터 학업과 스포츠 등 다양한 영역으로 확장되어 우리 삶의 일부분이 되었습니다. 하지만 과연 모든 분야에서 경쟁이 필요하며, 경쟁이 아이들의 성장에 긍정적인 영향만을 미치는 것일까요?

백 미터 달리기처럼 누가 더 빨리 결승선을 통과하는지를 겨루는 경기는 단순하고 명확한 승패 기준을 가지고 있습니다. 하지만 모든 사람이 단거리에 재능이 있는 것은 아닙니다. 누군가는 중거리, 또 누군가는 마라톤에 더 적합한 체질일 수 있습니다.

마찬가지로 학습에서도 모든 학생이 동일한 방식으로 동일한 목표를 향해 달려가야 할 필요는 없습니다. 각자의 강점과 약점이 다르기 때문에, 개인의 특성에 맞는 교육이 필요합니다. 하지만 우리 사회는 여전히 '남보다 더 잘해야 한다'는 강박관념에 사로잡혀 획일적인 교육 시스템을 고수하고 있는 경우가 많습니다.

'남보다 낫게'라는 기준에서 벗어나 '남과 다르게'라는 가치를 중시하는 시대가 도래했습니다. 특정 분야에 소질이 있는 아이들은 그 분야를 깊이 파고들어 전문가로 성장할 기회를 얻어야 합니다. 따라서 우리는 아이들의 개별적인 특성을 존중하고, 그들의 가능성을 키워줄 수 있어야 합니다. 아이들의 강점을 발견하고, 그 강점을 바탕으로 성장할 수 있도록 지원하는 것이 진정한 교육의 목표라고 할 수 있습니다.

물론 모든 분야에서 경쟁이 불필요한 것은 아닙니다. 특히, 사회생활에서 경쟁은 어쩔 수 없는 현실입니다. 하지만 경쟁의 방식을 바꿀 필요가 있습니다.

남들과 비교하여 우열을 가리는 상대적인 평가보다는, 개인의 성장을 중심으로 하는 절대적인 평가를 해야 합니다. 성공의 기준을 단순히 성적이나 출세로만 한정하지 않고, 다양한 분야에서의 성취를 인정해야 합니다. 아이들이 스스로 학습 목표를 설정하고, 학습 과정을 관리할 수 있는 자기 주도 학습을 할 수 있도록 지원해야 합니다.

경쟁 사회 속에서 우리는 아이들이 경쟁에서 이기도록 채찍질하는 것이 아니라, 건강하게 성장할 수 있도록 돕기 위해 노력해야 합니다. 획일적인 시스템에서 벗어나 아이들의 개별적인 특성을 존중하고, 그들의 잠재력을 최대한 발휘할 수 있도록 지원해야 합니다.

우리 아이들이 자신의 꿈을 향해 나아가는 과정에서 행복하고 건강하게 성장할 수 있도록, 우리 모두가 함께 노력해야 합니다.

# 경쟁 육아

우리 사회는 '경쟁 육아'라는 어두운 그림자에 놓여 있습니다. 마치 정글에서 살아남기 위한 전투를 방불케 하는 치열한 경쟁 속에서 아이들은 행복한 성장을 꿈꾸기 어려워하고 있습니다.

우리 사회는 성공의 공식을 잘못 해석하고 있습니다. 과거에는 성실함과 노력이 성공의 지름길이었을 수 있지만, 지금은 남들보다 조금이라도 더 잘해야 한다는 강박으로 변해 이에 사로잡혀 있습니다. 아이들은 어릴 적부터 입시 경쟁에 내몰리고, 무리한 학교 외 활동들을 통해 스펙을 쌓아야 합니다. 하지만 이러한 경쟁은 아이들의 정신 건강을 해치고, 잠재력을 발휘할 기회를 빼앗아갑니다.

## 경쟁 육아가 아이들에게 미치는 영향

학습 부담 증가: 과도한 학습량으로 인해 아이들은 스트레스를 받고, 학습에 대한 흥미를 잃을 수 있습니다.

정신 건강 악화: 경쟁에서 뒤처진다는 불안감, 실패에 대한 두려움 등으로 인해 우울증, 불안 장애 등 정신적인 문제를 겪을 수

있습니다.

창의성 감소: 획일적인 교육 시스템과 경쟁적인 분위기 속에서 아이들은 독창적인 생각을 하기보다는 정답만을 찾으려고 합니다.

인간관계 단절: 경쟁 상대를 적으로 인식하고, 협력보다는 경쟁을 우선시하게 되면서 또래 관계가 어려워질 수 있습니다.

경쟁 육아의 가장 큰 문제점은 아이들을 '수단'으로 보고 있다는 것입니다. 아이들은 부모의 기대를 충족시키고 사회적으로 성공하기 위한 도구로 여겨지며, 개인의 행복과 꿈은 뒷전으로 밀려나게 됩니다.

## 행복한 아이를 위한 대안

아이 중심 교육: 아이의 개별적인 특성과 흥미를 존중하고, 그에 맞는 교육을 제공해야 합니다.

자유로운 학습 환경 조성: 아이들이 스스로 학습 계획을 세우고, 흥미로운 활동을 통해 학습할 수 있도록 지원해야 합니다.

정서적 지지: 아이들의 감정을 공감하고, 어려움을 함께 나누며 격려해야 합니다.

여가 활동 지원: 학습뿐만 아니라, 예체능 활동 등 다양한 여가 활동을 통해 균형 잡힌 성장을 도와야 합니다.

경쟁 육아는 우리 사회의 미래를 위협하는 심각한 문제입니다. 우리는 아이들을 행복하게 만들기 위해 경쟁보다는 협력, 성적보다는 성장, 결과보다는 과정을 중시할 수 있도록 변화해야 합니다.

마지막으로 미국의 법학자이자 캘리포니아 법대 조앤 윌리엄스(Joan C. Wiliams) 교수의 말을 다시 한번 되새겨봅시다. "한국은 성공의 공식이 실패의 공식으로 바뀌고 있다"는 이 말은 우리에게 경종을 울리는 동시에, 변화를 위한 가능성을 제시하고 있습니다. 우리 아이들을 위해서 우리가 지금 당장 변해야 합니다.

---------- 08 ----------

# 성품이 경쟁력이
# 되는 사회

---

우리는 흔히 유명한 사람을 성공한 사람이라고 생각합니다. 연예인, 스포츠 스타, 기업가 등 많은 사람들이 대중의 관심을 받으며 화려한 삶을 살고 있습니다. 그러나 과연 유명함이 곧 성공이고, 유명한 사람이 모두 훌륭한 사람일까요?

곰곰이 생각해보면, 우리가 진정으로 존경하고 기억하는 사람들은 유명세를 떠나 훌륭한 인품을 갖춘 사람들입니다. 마하트마 간디, 마더 테레사와 같은 인물들은 전 세계적으로 유명하지만, 그들이 존경받는 이유는 막대한 부나 권력을 가졌기 때문이 아니라, 인류를 위해 헌신하고 봉사했기 때문입니다.

유명함과 훌륭함에는 차이점이 존재합니다. 유명함이란 특정 분야에서 뛰어난 능력을 보여주거나, 대중의 관심을 끄는 특별한 매력을 가진 사람에게 주어지는 명성입니다. 훌륭함이란 도덕적 가치, 인격, 남을 위한 헌신 등 내면적인 아름다움을 갖춘 사람에게 주어지는 칭찬입니다. 유명한 사람은 많은 사람들에게 알려져 있지만, 훌륭한 사람은 존경받고 기억됩니다. 유명세는 일시적일 수 있지만, 훌륭함은 영원히 기억됩니다.

현대 사회에서는 능력뿐만 아니라 성품이 중요하게 평가됩니다. 아무리 뛰어난 능력을 가졌더라도, 성품이 좋지 않다면 주변 사람들과의 관계를 망치고 결국에는 실패할 수 있습니다. 반면, 능력은 부족하더라도 성실하고 정직한 사람은 주변 사람들의 신뢰를 얻고 성공할 가능성이 높습니다.

성품이란 단순히 타고난 기질이 아니라, 후천적인 노력을 통해 길러질 수 있습니다. 가정에서의 교육, 학교 교육, 사회생활 등 다양한 경험을 통해 성품은 형성되고 발전합니다.

우리는 아이들에게 어떤 가치를 심어주어야 할까요? 단순히 유명해지고 성공하는 것만을 목표로 삼기보다는, 훌륭한 사람으로 성장하도록 도와야 합니다.

인성 교육이 필요합니다. 아이들에게 정직, 배려, 협동심과 같은 기본적인 인성을 가르쳐야 합니다. 봉사 정신을 길러주어야 합니다. 어려운 사람들을 돕고, 사회에 기여하는 경험을 통해 나눔의 기쁨을 배우게 해야 합니다. 자기 성찰을 가르쳐야 합니다.

자신을 객관적으로 바라보고, 자신의 잘못을 개선하려는 노력을 하도록 지도해야 합니다. 어려움 속에서도 희망을 잃지 않고, 긍정적인 마음으로 살아갈 수 있도록 도와야 합니다.

우리는 아이들에게 유명한 사람이 되라고 강요하기보다는, 훌륭한 사람으로 성장하도록 돕는 교육을 제공해야 합니다. 훌륭한 사람은 사회에 기여하고, 다른 사람들에게 긍정적인 영향을 미치는 사람입니다. 아이들이 자신의 잠재력을 최대한 발휘하고, 행복한 삶을 살 수 있도록 노력해야 합니다.

성품이 경쟁력이 되는 사회로 가고 있습니다. 우리는 아이들이 뛰어난 능력뿐만 아니라, 훌륭한 성품을 갖춘 사람으로 성장하도록 도와야 합니다.

# 성품, 단순한 성공을 넘는 진정한 가치

성품은 성실성과 의도라는 두 가지 중요한 요소가 결합하여 형성됩니다. 성실성은 말과 행동과 가치관이 일치하는지를 보여주는 지표이며, 의도는 그 행동을 하는 동기를 의미합니다. 즉, 성품이 훌륭한 사람은 말과 행동이 일치하고, 진정으로 솔직하며, 상호 이익을 추구하고, 봉사하는 마음을 가지고 있으며, 타인을 배려하는 자세를 보입니다.

## 아이의 성품을 길러주기 위한 노력

긍정적인 상호작용

아이가 잘한 일에는 구체적으로 칭찬하고 격려해주세요. 이는 아이의 자존감을 높이고 자신감을 키워줍니다. 아이의 감정을 이해하고 공감해주세요. 아이가 슬플 때 위로하고, 기쁠 때 함께 기뻐하며, 화가 날 때는 왜 화가 났는지 들어주세요. 따뜻한 포옹 등 아이와의 신체적 접촉은 정서적 안정감을 주고 애착 형성에 도움을 줍니다. 아이와 함께 놀고, 이야기하고, 책을 읽으며 소중한 시간을 보내세요.

모범을 보여주세요

부모의 행동이 가장 큰 영향을 끼칩니다. 아이들은 부모의 행동을 보고 배우기 때문에, 부모가 먼저 솔직하고 정직하게 행동하며, 다른 사람을 배려하는 모습을 보여주는 것이 중요합니다. 부모가 어떤 가치관을 가지고 있는지, 어떤 일을 중요하게 생각하는지에 따라 아이의 가치관도 형성됩니다.

자율성을 존중하고 책임감을 길러주세요

아이가 스스로 결정하고 행동할 수 있도록 기회를 주세요. 물론 안전이 보장되는 범위 내에서요. 책임감을 길러주어야 합니다. 자신의 행동에 대한 책임을 지도록 가르치고, 잘못을 저질렀을 때는 반성하고 수정할 수 있도록 도와주세요.

다양한 경험 제공

또래 친구들과의 상호작용을 통해 사회성을 키울 수 있도록 다양한 활동을 함께 해주세요. 다양한 문화를 접하게 하고, 새로운 경험을 통해 사고력과 창의력을 키워주세요.

꾸준한 대화

아이와의 대화는 단순한 의사소통을 넘어 서로를 이해하고 신뢰를 쌓는 데 중요합니다. 아이의 말에 귀 기울이고, 아이의 생각과 감정을 존중해주세요.

아이의 성품은 하루아침에 만들어지는 것이 아니기 때문에 꾸준한 노력이 필요합니다.

우리는 아이들에게 단순히 성공하는 방법만을 가르치기보다는, 훌륭한 사람으로 성장하는 방법을 가르쳐야 합니다. 성품은 어떤 환경에서도 살아남을 수 있는 가장 강력한 무기입니다.

"단지 성공한 사람이 아니라 가치 있는 사람이 되기 위해 노력하라." 아인슈타인이 『라이프』지와의 인터뷰에서 인생의 지침을 얻고자 하는 젊은이들에게 남긴 말입니다. 이 말은 오늘날 우리 사회가 간과하고 있는 중요한 가치를 일깨워줍니다. 유명세를 좇기보다는 진정한 가치를 추구하는 삶의 중요성을 다시 한번 생각해보게 합니다. 아이들이 단순히 유명한 사람이 되기보다는, 다른 사람들에게 긍정적인 영향을 미치는 훌륭한 사람으로 성장하길 바랍니다.

# 09

# 말은 흘러가도
# 글은 고인다

아들의 변화를 위해 직접 만든 청소년 비전 설계 과정을 2년 반 동안 진행하며, 글쓰기의 중요성을 새삼 깨달았습니다. 그동안 다양한 방법을 시도했지만, 글로써 자신의 생각과 목표를 명확히 표현하고 기록하는 것만큼 효과적인 방법은 없었습니다.

글쓰기를 통한 자기 성찰과 목표 설정

말로 하는 것보다 글로 쓰는 것이 훨씬 더 효과적이라는 것을 경험했습니다. 단순히 말로 했던 내용은 쉽게 잊히고, 구체적인 계획으로 이어지지 않는 경우가 많았습니다. 하지만 글로 작성하면 자신의 생각을 더욱 명확하게 정리하고, 구체적인 목표를 설정할 수 있습니다.

진로 탐색 과정에서도 글쓰기의 중요성을 느꼈습니다. 아들이 스스로 진로를 탐색하고, 그 결과를 문서로 정리하게 하여 함께 검토하고 대화했습니다. 단순한 기록을 넘어 이 과정에서 아들은 자신의 강점과 약점을 명확히 인지하고, 앞으로 나아갈 방향을 설정할 수 있었습니다.

생활 습관 개선을 위해서도 글쓰기를 활용했습니다. 스스로 체크리스트를 만들고, 매일 실천 여부를 기록하며 자기 관리 능력을 키웠습니다. 희망 진로와 삶의 원칙, 가치관 등을 글로 적어 책상 등에 부착함으로써 항상 자신의 목표를 떠올리고 실천할 수 있도록 했습니다.


떠벌림 효과를 활용한 동기 부여

자신의 목표를 공개적으로 알림으로써 주변 사람들의 지지와 격려를 얻을 수 있을 뿐만 아니라, 스스로 목표 달성에 대한 책임감을 느끼게 됩니다. 이러한 현상을 '떠벌림 효과(Profess effect)'라고 합니다.

글쓰기를 통해 자신의 목표를 구체적으로 정의하고, 주변 사람들에게 알림으로써 스스로에게 더 큰 동기를 부여할 수 있습니다. 또한, 주변 사람들의 기대에 부응하고 싶은 마음이 생겨 목표 달성을 위해 더욱 노력하게 됩니다.

## 일기 쓰기의 중요성

일기 쓰기는 단순히 하루를 기록하는 것을 넘어, 자신의 생각과 감정을 정리하고 성장하는 데 큰 도움이 됩니다. 저는 직접 일기를 쓰면서 많은 것을 얻었고, 아이에게도 일기 쓰기를 권장했습니다. 글을 잘 쓰고 못 쓰는 것은 중요하지 않습니다. 중요한 것은 자신의 생각을 자유롭게 표현하고, 스스로를 돌아보는 시간을 갖는 깃입니다.

아이의 욕구를 글로 쓰도록 하고, 우선순위를 조정해주면 아이는 자신의 욕구를 더욱 명확하게 인식하고, 목표를 향해 나아가기 위한 구체적인 계획을 세울 수 있습니다. 이는 아이의 의지력과 실천력을 강화하는 데 큰 도움이 됩니다.

글쓰기는 단순한 표현 도구를 넘어, 아이의 성장을 위한 강력한 도구입니다. 글쓰기를 통해 아이는 자기 성찰, 목표 설정, 문제 해결 능력을 키울 수 있으며, 더 나아가 건강한 인격체로 성장할 수 있습니다. 부모는 아이가 글쓰기를 통해 자신의 잠재력을 최대한 발휘할 수 있도록 꾸준히 격려하고 지원해야 합니다.

# 일기 쓰기와 글쓰기

일기 쓰기와 글쓰기는 단순히 개인의 생각을 표현하는 도구를 넘어, 인지 발달, 정서 조절, 창의성 발달 등 다양한 측면에서 교육적 가치를 지니고 있습니다.

### 비고츠키의 사회문화적 발달 이론

심리학자 레프 비코츠키(Lev Vygotsky)는 언어가 사고 발달의 매개체라고 보았습니다. 일기 쓰기를 통해 아이들은 자신의 생각을 언어로 표현하고 정리하며 사고 능력을 향상시킬 수 있습니다. 다른 사람과의 상호작용을 통해 습득한 지식과 기술을 내면화하는 과정에서 글쓰기는 중요한 역할을 합니다. 일기를 쓰면서 아이들은 자신의 경험을 반성하고 새로운 의미를 부여할 수 있습니다.

### 피아제의 인지 발달 이론

발달 심리학자 장 피아제(Jean Piaget)는 인지 발달 단계를 제시하며, 각 단계에서 아이들이 특정한 사고방식을 나타낸다고 주장했습니다. 일기 쓰기를 통해 아이들은 자신의 경험을 언어로 표현하고, 이 과정에서 조작적 사고 능력을 발달시킬 수 있습니다. 특히 청소년기에 접어들면서 아이들은 추상적인 사고가 가능해지는데, 일기 쓰기를 통해 추상적인 개념을 구체적인 언어로 표현하고 이해하는 능력을 키울 수 있습니다.

브루너의 발견 학습 이론

교육 심리학자 제롬 브루너(Jerome Bruner)는 학습자가 스스로 지식을 탐구하고 발견하는 과정을 강조했습니다. 일기 쓰기를 통해 아이들은 자신의 경험을 탐색하고 새로운 의미를 발견하며 능동적인 학습자가 될 수 있습니다. 브루너는 학습 내용을 다양한 수준에서 반복적으로 다루는 나선형 교육과정을 제시했습니다. 일기 쓰기를 통해 아이들은 자신의 성장 과정을 기록하고, 시간이 지남에 따라 자신의 생각과 표현 방식이 변화하는 것을 관찰할 수 있습니다.

쓰기는 단순히 개인적인 행위가 아니라, 다른 사람과 소통하기 위한 사회적인 행위입니다. 일기 쓰기를 통해 아이들은 자신의 생각을 다른 사람에게 전달하고, 피드백을 받으며 글쓰기 능력을 향상시킬 수 있습니다.

일기 쓰기를 통해 자신의 감정을 자유롭게 표현하고, 부정적인 감정을 해소할 수 있습니다. 특히 일기 쓰기는 스트레스를 해소하고 심리적인 안정감을 얻는 효과적인 방법입니다. 자신의 생각과 감정을 되돌아보고 이해하는 능력을 키울 수 있습니다.

일기 쓰기와 글쓰기 교육은 학생들의 전인적인 성장을 위한 필수적인 요소입니다.

논리적 사고, 비판적 사고, 창의적 사고 능력을 향상시킬 수 있고, 다양한 표현 방식을 익히고, 자신의 생각을 효과적으로 전달할 수 있는 능력을 키울 수 있습니다.

# 10

# 어릴 적 혼자 여행을 떠난 경험은
# 평생 간다

유년 시절의 기억이 많이 남아 있지는 않지만, 혼자 시골 친척 집에 갔던 여행만큼은 생생하게 기억이 납니다. 아마도 초등학교 3~4학년 무렵, 코흘리개 시절이었을 겁니다. 당시에는 교통이 불편하여 비둘기 기차를 타고 읍내까지 간 후, 버스를 갈아타고 한참을 걸어서 목적지에 도착했죠.

물론 그 여행은 쉽지 않았습니다. 혼자라는 외로움과 피곤함에 지쳐 울기도 했지만, 그럼에도 불구하고 그 여행은 제게 깊은 인상을 남겼습니다. 고생 끝에 목적지에 도착했을 때의 성취감과 혼자서 해냈다는 자부심은 이루 말할 수 없었습니다.

아마 많은 분들이 이 이야기를 듣고 '요즘 아이가 어떻게 혼자 여행을 다녀?'라고 생각하실 수 있습니다. 하지만 과거에는 지금보다 더 많은 아이들이 혼자 여행을 경험했고, 그 경험은 아이들의 성장에 큰 영향을 미쳤습니다.

성인이 되어 여행을 통해 얻은 것이 무엇이냐는 질문에 대부분의 사람들은 '고생 끝에 얻는 보람'이라고 답할 것입니다. 마찬가지로, 아이들도 혼자 여행을 통해 자립심, 문제 해결 능력, 자신감 등을 키울 수 있습니다. 물론 아이의 나이와 발달 수준에 맞춰 여행 계획을 세우는 것이 중요합니다. 처음에는 가까운 곳부터 시작하여 점차 거리를 늘려가는 것이 좋습니다. 또한, 안전을 위해 부모의 동의와 함께 신뢰할 수 있는 어른과 연락을 주고받을 수 있도록 해야 합니다.

또래 친구들끼리 떠나는 여행을 통해 아이는 많은 것을 얻을 수 있습니다.

자립심 강화: 계획을 세우고 실행하며 스스로 문제를 해결하는 능력을 키울 수 있습니다.

책임감 증진: 자신의 안전을 책임져야 한다는 사실을 깨닫고 책임감을 갖게 됩니다.

문제 해결 능력: 예상치 못한 상황에 직면했을 때, 스스로 문제를 해결하는 방법을 배우게 됩니다.

자신감 향상: 어려움을 이겨내고 목표를 달성하면서 자신감을

얻을 수 있습니다.

독립심 강화: 부모에게 의존하지 않고 스스로 판단하고 행동하는 능력을 키울 수 있습니다.

다양한 경험: 새로운 환경과 사람들을 만나면서 다양한 경험을 쌓고 세상을 넓게 바라볼 수 있습니다.

주말에 친구들끼리만 박물관에 다녀오고 싶어 하는 아이, 보내주세요. 혼자 여행은 아이들의 성장에 있어 매우 중요한 경험입니다. 물론 안전을 최우선으로 하여 신중하게 계획하고 준비해야 합니다. 하지만 아이들에게 혼자 여행을 경험할 기회를 제공하는 것은 단순한 여행을 넘어, 아이들의 잠재력을 키우고 독립적인 인격체로 성장하도록 돕는 소중한 투자입니다.

혼자 여행을 하면서 아이들은 다양한 사람들과의 상호작용을 통해 사회성을 발달시키고, 새로운 문화를 경험하며 사고의 폭을 넓힐 수 있습니다. 여행 중에 발생하는 예상치 못한 문제들을 해결하면서 문제 해결 능력을 향상시킬 수 있습니다. 혼자 여행을 통해 스스로 목표를 설정하고, 그 목표를 달성하기 위해 노력하는 과정에서 자기 주도적 학습 능력을 키울 수 있습니다.

# 11

# 5 Why 질문이
# 일상이 되면

5 Why 질문이 일상이 되면, 우리는 단순한 겉모습이나 표면적인 이유만으로 사람이나 사건을 판단하는 실수를 줄일 수 있습니다. 흔히 "왜 지각했어?"라는 질문에 "죄송합니다"라는 짧은 답변만으로 대화가 끝나는 경우가 많습니다. 하지만 이런 문답은 문제의 근본적인 원인을 파악하지 못하고, 단편적인 정보만으로 판단하는 오류를 범할 수 있습니다.

5 Why 분석법은 이러한 문제점을 해결하기 위한 효과적인 방법입니다. 문제가 발생했을 때, "왜?"라는 질문을 최소 5번 이상 반복하며 깊이 파고들면 문제의 근본적인 원인을 찾아낼 수 있습니다. 이는 단순히 문제 해결뿐만 아니라, 사람과의 관계를

더욱 깊이 있게 이해하고 소통하는 데에도 도움이 됩니다.

특히 5 Why 분석법은 아이들과의 대화에 활용하면 큰 효과를 볼 수 있습니다. 아이가 늦었을 때 단순히 '지각했으니 혼난다'라고 판단하기보다는, '왜 지각했는지'에 대한 이유를 묻고, 그 이유에 대한 또 다른 '왜'를 묻는 과정을 통해 아이의 속마음을 이해하고, 더욱 적절한 지도를 할 수 있습니다.

5 Why 분석법은 면접과 같은 공식적인 상황에서도 유용하게 활용될 수 있습니다. 명문대 심층 면접에서 5 Why 질문을 통해 지원자의 깊이 있는 사고력과 문제 해결 능력을 평가하는 경우가 많습니다. 즉, 높은 성적만으로는 합격하기 어렵고, 자신의 생각을 논리적으로 설명하고, 끊임없이 질문을 던지며 탐구하는 자세가 요구됩니다.

5 Why 분석법을 통해 우리는 단순한 답변에 만족하지 않고, 끊임없이 탐구하고 질문하는 자세를 기를 수 있습니다. 이는 학교생활뿐만 아니라, 사회생활에서도 문제를 해결하고 더 나은 관계를 형성하는 데 큰 도움이 될 것입니다.


"철수는 오늘 왜 지각했지? 이유가 있어?"

"네, 죄송합니다. 실은 집에서 일찍 나왔는데 오르막길에서 폐지를 줍는 할아버지를 봤어요. 힘들어하시는 모습이 안쓰러워서 리어카를 밀어드렸더니 시간이 오래 걸렸어요."

"그래, 그럼 지각할 수도 있고 선생님한테 혼날 수도 있는데 왜 그랬어?"

"저도 잠시 고민했지만, 혼나는 것보다 할아버지를 도와드려야겠다는 생각이 더 강했어요."

"아, 그랬구나. 힘든 할아버지를 도와드리다 보니 늦었구나. 이 것은 칭찬할 일인데, 다음에는 조금 더 일찍 나와서 할아버지를 도와주면 어떨까?"

이처럼 5 Why 질문을 통해 우리는 단순한 지각 사건을 넘어, 아이의 따뜻한 마음과 도움을 베푸는 행동을 발견하고 칭찬할 수 있습니다.

5 Why 분석법을 통해 단순한 겉모습이나 표면적인 이유만으로 판단하는 오류를 줄이고, 더 깊이 있게 아이의 마음을 이해하고 소통할 수 있습니다.

# 아이들을 위한 5 Why 분석법

5 Why 분석법은 복잡한 문제를 단순하게 풀어나가는 효과적인 방법입니다. 아이들에게 이 방법을 가르쳐주면 논리적인 사고력과 문제 해결 능력을 키울 수 있답니다.

숙제한 것을 깜빡하고 학교에 안 가져갔다면?

왜 숙제를 깜빡했을까? 학교 가방에 넣는 것을 잊어버렸어요.

왜 가방에 넣는 것을 잊어버렸을까? 숙제를 다 하고 바로 놀기 시작했어요.

왜 그렇게 바로 놀고 싶었을까? 숙제가 재미없어서 빨리 끝내고 싶었어요.

왜 숙제가 재미없었을까? 어려운 문제가 많아서 이해가 안 됐어요.

왜 이해가 안 됐을까? 선생님 설명을 잘 듣지 못했어요.

이렇게 다섯 번의 질문을 통해 숙제를 깜빡한 근본적인 원인이 '선생님 설명을 잘 듣지 못했다'라는 것을 알 수 있습니다.

아침에 일어나기 힘들다면?

왜 아침에 일어나기 힘들까? 잠이 너무 부족해요.

왜 잠이 부족할까? 어젯밤에 늦게까지 잠을 못 잤어요.

왜 늦게 잠을 못 잤을까? 밤에 스마트폰 게임을 오래 했어요.

왜 게임을 오래 했을까? 게임이 너무 재미있어서 시간 가는 줄 몰랐어요.

왜 게임이 재미있을까? 친구들이랑 같이 게임을 해서 더 재미있었어요.

이렇게 질문을 통해 아침에 일어나기 힘든 1차 원인이 '밤에 스마트폰 게임을 오래 했기 때문'이고, 근본적인 원인이 '친구들과 같이 노는 게 좋기 때문'이라는 것을 알 수 있습니다. 그렇다면 잠을 자야 하는 시간에 게임을 하는 대신 친구들과 함께 충분한 시간을 보낼 수 있는 건강한 방법에 대해 함께 고민할 수도 있겠습니다.

## 아이와 함께 5 Why 분석법을 활용하는 방법

일상생활에서 발생하는 작은 문제부터 시작합니다. 잃어버린 물건, 틀린 문제 등 아이가 겪는 작은 문제부터 시작하여 쉽게 접근할 수 있도록 합니다. 아이의 눈높이에 맞춰서 아이가 이해하기 쉬운 단어와 문장으로 질문합니다. 아이 혼자서 답을 찾기 어려워할 때, 힌트를 주거나 함께 고민하면서 답을 찾도록 도와줄 수도 있습니다. 이 과정에서 반드시 긍정적인 분위기를 조성해주어야 합니다. 답변에 대해 비난하기보다는, 솔직한 답변을 긍정적인 태도로 격려하고 다음에는 더 잘할 수 있도록 도와줍니다.

5 Why 분석법을 꾸준히 연습하면 아이는 스스로 문제를 해결하고 논리적으로 사고를 할 수 있는 능력을 키울 수 있습니다. 5 Why 분석법을 통해 아이들은 문제의 근본 원인을 파악하고 해결책을 찾는 능력, 논리적인 사고 과정을 통해 문제를 분석하고 해결하는 능력, 다양한 관점에서 문제를 바라보고 새로운 해결책을 모색하는 능력, 스스로 문제를 해결하고 학습하는 능력을 배웁니다.

———— 12 ————

# 질책도 잘하면
# 보약이 된다

아이를 질책하는 것은 단순히 화풀이를 하는 것이 아니라, 아이의 성장을 위한 중요한 양육 과정입니다. 하지만 때로는 목적을 잃고 감정적인 대응으로 이어져 아이와의 관계를 악화시키기도 합니다.

왜 질책이 중요할까요? 칭찬과 격려가 아이의 성장에 긍정적인 영향을 미치는 것은 분명하지만, 잘못된 행동에 대한 질책은 아이가 올바른 판단력을 기르고 사회성을 함양하는 데 필수적입니다. 마치 자동차의 가속 페달과 브레이크처럼, 칭찬과 질책은 균형을 이루어야 아이의 성장을 이끌 수 있습니다.

질책하기 전에 아이의 잘못된 행동에 대해 구체적으로 파악하고, 어떤 부분을 개선시키고 싶은지 명확하게 정의해야 합니다. 아이에게 왜 그런 행동을 했는지 스스로 설명할 기회를 주는 것은 문제 해결의 첫걸음입니다. 아이에게 질책하는 이유는 아이를 사랑하기 때문이라는 것을 진심으로 전달해야 합니다. 질책 후에는 아이의 노력을 칭찬하고, 앞으로 더 잘할 수 있다는 격려를 아끼지 않아야 합니다.

아이의 연령에 따라서도 질책 방식을 달리해야 합니다. 영유아기에는 단순하고 명확한 언어로 설명하고, 학령기에는 논리적인 설명과 함께 스스로 문제를 해결할 수 있도록 도와주는 것이 좋습니다. '하지 마'라는 부정적인 표현 대신 '이렇게 해보자'라는 긍정적인 표현을 사용하는 것이 효과적입니다.

효과적인 질책을 위해서는 부모 스스로 감정을 조절하고, 객관적인 시각을 유지하는 것이 중요합니다. 또한, 아이와의 원활한 소통을 위해 적극적으로 노력해야 합니다. 부모가 양육 관련 서적을 읽거나, 전문가의 도움을 받아 효과적인 양육 방법을 배우는 것이 좋습니다. 부부간에도 배우자와 함께 양육 방식에 대해 논의하고, 서로를 지지하는 것이 중요합니다.

무작정 아이를 질책하는 것은 오히려 역효과를 불러올 수 있습니다. 잘못된 질책은 아이의 자존감을 떨어뜨리고, 학습 의욕을 저하시킬 수 있습니다. 특히, 공개적인 자리에서의 질책은 아이에게 큰 상처를 줄 수 있으므로 주의해야 합니다.

## 잘못된 질책

비난과 꾸짖기: 아이의 인격을 비난하거나, 과도하게 꾸짖는 것은 아이에게 상처를 주고, 반항심을 키울 수 있습니다.

일관성 없는 태도: 같은 잘못에 대해 때로는 엄격하게, 때로는 너그럽게 대하는 것은 아이를 혼란스럽게 만들 수 있습니다.

비교: 다른 형제나 친구와 비교하는 것은 아이의 자존감을 떨어뜨리고, 질투심을 유발할 수 있습니다.


질책은 아이의 성장을 위한 필수적인 과정이지만, 잘못된 방법으로 사용하면 오히려 역효과를 불러올 수 있습니다. 우리 아이의 성격과 잘못한 정도에 따라 적절한 질책 방법을 선택하고, 아이와의 신뢰 관계를 바탕으로 소통하는 것이 중요합니다.

# 아이를 질책할 때 지켜야 할 원칙

아이를 질책하는 것은 단순히 잘못을 지적하는 것을 넘어, 아이가 올바른 방향으로 성장하도록 돕는 중요한 양육 과정입니다. 효과적인 질책을 위해서는 원칙을 세우고 지켜야 합니다.

사전 경고와 일관성

아이의 잘못된 행동에 대해 미리 경고하고, 그럼에도 같은 행동이 반복될 때 질책해야 합니다. 이는 아이에게 예측 가능성을 제공하고, 잘못된 행동에 대한 책임감을 심어줍니다. 기분 좋을 때는 넘어가고, 운이 나쁘면 혼나는 것이 아닙니다. 한 번의 질책으로 끝내지 않고, 똑같은 잘못된 행동이 반복될 때마다 일관된 태도로 대처해야 합니다.

프라이빗한 공간에서의 질책

다른 사람들이 없는 조용하고 편안한 공간에서 아이와 단둘이 이야기해야 합니다. 이는 아이가 방어적인 태도를 취하지 않고, 부모의 말에 집중할 수 있도록 돕습니다.

### 명확한 목적과 구체적인 지적

왜 질책하는지, 무엇을 바꾸기를 원하는지 분명하게 밝혀야 합니다. 과거의 일까지 끄집어내어 비난하거나, 추상적인 표현을 사용하는 것은 피해야 합니다. 구체적인 사례를 들어 아이의 잘못된 행동을 지적하고, 개선해야 할 점을 명확하게 알려주어야 합니다.

### 엄격함과 격려의 조화

아이의 잘못된 행동에 대해서는 분명하게 잘못이라고 이야기해야 합니다. 질책 후에는 앞으로 더 잘할 수 있다는 격려를 해주어야 합니다. 아이가 노력한 부분이 있다면 인정해줍니다. 이는 아이의 자존감을 지켜주고, 변화하려는 의지를 북돋아줍니다.

### 존중과 배려

모멸감을 주어서는 안 됩니다. 아이의 인격을 모욕하거나 비난하는 말은 절대 사용해서는 안 됩니다. 아이의 감정을 존중하고, 아이의 입장에서 생각하려는 노력이 필요합니다.

### 관계 회복

질책 후에도 아이와 편안하게 소통하고, 긍정적인 관계를 유지해야 합니다. 대화가 필요합니다. 질책 후에는 아이와 함께 문제 해결 방안을 모색하고, 앞으로 어떻게 하면 더 나아질 수 있을지 함께 이야기하는 시간을 가져야 합니다.

### 메시지 전달

설교는 금물입니다. 장황한 설교보다는 간결하고 명확한 메시지를 전달해야 합니다. 아이가 가장 중요하게 생각해야 할 부분을 강조하고, 행동으로 옮길 수 있도록 구체적인 방법을 제시해야 합니다.

### 주의사항

질책하는 순간에는 화를 내거나 감정적으로 대처하기 쉽습니다. 하지만 아이를 위해 침착하게 대처해야 합니다.

아이를 질책할 때는 아이의 성장을 위한 교육적인 목적으로 접근해야 합니다. 아이의 잘못을 지적하는 동시에, 아이를 사랑하고 지지한다는 것을 느끼게 해주는 것이 중요합니다.

## 아이와의 소통 단절, 그 이유를 찾아보세요

학부모 질문  예전에는 아이와 무슨 이야기든 자연스럽게 나누며 사이좋게 지냈는데, 중학교에 들어간 후부터는 갑자기 달라진 모습을 보여 당황스럽습니다. 사춘기라 그런가 싶지만, 아이가 속 이야기를 하지 않고 대화를 피하는 모습에 마음이 쓰입니다. 왜 이런 현상이 나타나는 걸까요?

사춘기는 아이가 신체적, 정신적으로 급격한 변화를 겪는 시기입니다. 이러한 변화에 아이는 감정 기복이 심해지고, 자아 정체성을 찾기 위한 고민이 깊어집니다. 이 과정에서 부모와의 관계가 편안한 친구 관계가 아닌, 독립적인 개체로서의 관계를 형성하고 싶어 하는 욕구가 강해지면서 사이가 어색해질 수 있습니다. 또한 또래 관계에 대한 관심이 높아지면서 부모와의 거리를 두려는 경향이 나타나기도 합니다. 아이가 부모와의 대화를 피하고 단답형으로 대답하는 이유는 단순히 말하기 싫어서가 아니라, 더욱 복잡한 심리적 요인이 작용하기 때문입니다.

자신의 감정을 잘 표현하지 못하기 때문일 수 있습니다. 사춘기 아이들은 자신의 감정을 명확하게 인지하고 표현하는 것이 서투릅니다. 서툰 표현으로 부모에게 자신의 속마음을 털어놓았다가 오해를 받거나 비난을 받을까 봐 두려워할 수 있습니다. 또한 사춘기에는 또래 관계가 매우 중요하기 때문에 부모와의 관계보다 친구관계에 더 집중하고 싶어 할 수도 있습니다. 사춘기 아이들은 독립적인 공간과 시간을 갖고 싶어 하기 때문에 부모의 간섭을 싫어할 수 있습니다.

### 아이와의 소통을 위한 노력

**강요하지 않고 기다려주기:** 아이와의 관계 개선은 하루아침에 이루어지지 않습니다. 꾸준한 노력이 필요합니다. 아이가 마음을 열 때까지 인내심을 갖고 기다려주는 것이 중요합니다.

**아이의 독립성 존중:** 아이는 독립적인 개체임을 인정하고, 아이의 생각과 의견을 존중해주세요.

**비판적인 태도를 버리고 공감하기:** 아이의 말을 끝까지 경청하고, 그 감정을 이해하려고 노력해야 합니다. 아이의 입장에서 생각하고, 아이의 감정을 있는 그대로 받아들이고 공감하는 자세를 보여주세요.

**작은 관심과 칭찬 아끼지 않기:** 아이의 잘못된 행동을 지적하기보다는 노력한 점을 칭찬하고 격려해주세요. 아이의 변화를 관찰하고 작은 성장에도 칭찬과 격려를 해주세요.

**함께 시간을 보내기:** 아이가 좋아하는 활동을 함께 하거나 아이와 함께 시간을 보내며 자연스럽게 대화를 시도해보세요.

**부모 스스로 성장하기:** 부모 역시 아이와의 관계 개선을 위해 스스로 성장하고 변화해야 합니다.

사춘기는 성장통과 같습니다. 아이는 언젠가 스스로의 문제를 해결하고 성숙한 어른으로 성장할 것입니다. 부모는 아이의 성장을 지켜보고 격려하며, 건강한 관계를 유지하기 위해 노력해야 합니다.

## 긍정적인 말 vs 부정적인 말, 부모의 말이 아이의 미래를 만듭니다

**학부모 질문** 저는 아이가 나태해지면 안 된다는 생각에 계속 지적하고 독려하는데, 가끔 교육을 듣거나 방송을 보면 전문가들이 그러면 안 된다고 합니다. 구체적으로 왜 그런지 잘 모르겠어요.

아이를 키우면서 '아이가 나태해지면 안 된다'는 생각은 누구나 한 번쯤 해봤을 겁니다. 그래서 우리는 아이의 작은 실수에도 쉽게 지적하고, 더 많은 것을 하도록 독려하죠. 하지만 이러한 방식의 교육은 아이의 성장을 오히려 방해할 수 있습니다. 왜일까요?

사람은 에너지가 필요합니다. 자동차가 연료가 있어야 움직이듯, 사람도 에너지가 있어야 활동하고 성장할 수 있습니다. 이 에너지는 단순히 육체적인 힘뿐만 아니라, 정신적인 힘, 즉 자신감, 용기, 흥미 등을 포함합니다.

부정적인 말은 에너지를 고갈시킵니다. 우리는 일상생활에서 다양한 사람들을 만나면서 그들과의 관계 속에서 에너지를 주고받습니다. 어떤 사람과의 대화는 우리에게 활력을 불어넣지만, 어떤 사람과의 대화는 우리를 지치게 만들기도 합니다. 부모의 말 한마디는 아이에게 큰 영향을 미칩니다. 부정적인 말과 지속적인 비교는 아이의 자신감을 떨어뜨리고, 학습 의욕을 저하시켜 결국 아이의 성장을 방해할 수 있습니다.

성인도 다른 사람의 말에 따라 에너지가 충전되거나 고갈되는 경험을 합니다. 아이들은 성인보다 더욱 예민하게 부모의 말에 반응합니다. 아이들은 부모를 가장 신뢰하고 의지하기 때문에 부모의 말 한마디가 아이의 마음에 큰 영향을 미칠 수 있습니다. 부모의 무심코 내뱉은 부정적인 말은 아이의 마음에 상처를 주고, 자신감을 잃게 만들 수 있습니다.

긍정적인 말은 아이를 성장시킵니다. 즉, 긍정적인 말과 격려는 아이에게 큰 힘을 줍니다. 아이의 노력을 인정하고 칭찬해주는 것은 아이에게 자신감을 심어주고, 스스로 문제를 해결하려는 의지를 길러줍니다. 긍정적인 말은 아이의 마음속에 희망의 씨앗을 심어주고, 꿈을 향해 나아갈 수 있는 용기를 줍니다.

말은 곧 현실이 됩니다. 우리가 자주 사용하는 말은 우리의 삶을 만들어갑니다. 긍정적인 말을 자주 하는 사람은 긍정적인 에너지에 둘러싸여 살게 되고, 부정적인 말을 자주 하는 사람은 부정적인 상황을 자주 겪게 됩니다. 아이에게 긍정적인 말을 자주 해주면 아이는 긍정적인 생각을 갖게 되고, 긍정적인 결과를 만들어낼 수 있습니다.

아이를 키우는 것은 인내심과 사랑이 필요한 과정입니다. 아이의 성장을 위해서는 단순히 지식을 전달하는 것뿐만 아니라, 아이의 마음을 이해하고 지지해주는 것이 중요합니다. 아이에게 긍정적인 말과 격려를 아끼지 않는다면, 아이는 스스로의 잠재력을 발휘하고 행복한 삶을 살아갈 수 있을 것입니다.

## 명문대생도 여전히 혼란스럽다

**학부모 질문** 현실적인 문제인데요. 아이 성적을 봐서 우선 대학을 선택하고 점수에 맞는 학과로 정하려는데 문제 있나요? 진로를 정해서 준비해야 한다는 것은 공감하지만 솔직히 진학에 도움이 안 되거나 입사에 도움이 안 되는 사회 환경은 무시 못 하잖아요

"나는 앞만 보고 달리라는 말을 따른 것밖에 없다. 숨도 참으며 달려서 골인하면 내 삶에 꽃만 필 것이라 해서 달렸고 그 결승점을 통과했다. 입대를 일주일 앞둔 대학교 2학년인 나는 여전히 혼란스럽다. 내가 무엇을 잘하는지조차 모르겠고 어떤 일을 해야 할지도 모르겠다."

명문대에서 경영학을 전공하고 있는 청년과 마주했습니다. 경영학은 오직 입학을 위해 선택한 것이고, 배워 보니 자신과 맞지 않는다는 확신까지 든 상태였습니다. 뒤늦게 진로를 고민하며 스트레스를 심하게 겪고 있었습니다. 표정도 어두웠습니다.

여러 검사 중 다중지능 검사에서 그 친구의 강점을 찾았고, 그것은 반려동물 행동 지도사였습니다. 그동안 특이 동물을 키워오는

등 관련 분야에 관심도 탐구력도 강했습니다. 입대 후 여유시간이 생기면 국가자격증시험 준비를 하도록 권했습니다. 상담을 마무리할 때쯤 본 그 친구의 표정에서 내가 하는 일에 대한 보람을 느꼈습니다. 그 친구는 그 후로 입대했고, 입대 후 어머니께서 기분 좋은 소식을 전해주었습니다.

놀랍게도 이런 일이 주변에 많습니다. 다수가 무기력증을 앓고 있고, 상당수가 우울증과 공황장애 같은 정신질환을 앓고 있습니다. 이 대학생의 뒤를 밟지 않으려면 생각을 바꿔야 합니다. 자신이 진정으로 원하는 삶은 무엇인지 끊임없이 질문하고, 그에 맞는 길을 찾아야 합니다. 자신이 할 일을 정하고, 그 일을 배우고 익히기 위해 대학에 입학한다는 본래 목적을 찾으면 됩니다.

2019년 잡코리아와 알바몬에서 실시한 설문조사에 따르면, 대학생과 취업준비생의 전공 선택에 대한 불만이 상당히 높은 것으로 나타났습니다. '전공을 다시 선택할 수 있다면 현재의 전공을 다시 선택할 것인가'라는 질문에 39.9%가 '다른 전공을 하겠다'고 답하며 가장 높은 비율을 차지했습니다. 이어 '지금 전공을 하겠다'는 38.7%, '잘 모르겠다'는 21.5%로 나타났습니다. 이는 곧 많은 학생들이 자신의 전공에 대한 만족도가 낮고, 다른 길을 걷고 싶어 한다는 것을 의미합니다.

이러한 현상은 통계청의 '2020년 사회조사'에서도 확인할 수 있습니다. 현재 취업 중이거나 과거 취업한 적이 있는 사람들을 대상으로 전공과 직업의 연관성을 조사한 결과, '매우 일치한다'는 응답은 16.2%, '일치하는 편'은 21.1%에 불과했습니다. 반면, '보통'은 24.7%, '관계없는 편'은 22.6%, '전혀 관계없음'은 15.4%로 나타나 전공과 직업이 일치하지 않는다는 응답이 더 많았습니다. 즉, 전공을 살려 취직한 사람은 37.3%로, 졸업생의 3분의 1이 채 되지 않는다는 것입니다.

학생들은 고등학교 시절 진로를 결정해야 하는 부담감에 시달리고, 대학 입시 경쟁 속에서 자신의 적성보다는 사회적 요구나 부모의 기대에 맞춰 전공을 선택하는 경우가 많습니다. 대학에서 배우는 내용과 실제 사회에서 요구되는 역량 사이의 간극이 커 학생들이 졸업 후에도 어려움을 겪는 경우가 많습니다.

스펙 중심의 교육 시스템은 개인의 행복과 사회 발전에 장기적으로 부정적인 영향을 미칩니다. 스펙을 위한 대입은 엿 바꿔 먹기에도 가치가 없는 고물이 되어간다는 말이 과장된 표현이 아닙니다. 다양한 분야의 전문가들은 스펙 중심 교육의 문제점을 지적하며, 개인의 적성과 흥미를 살리는 교육의 중요성을 강조하고 있습니다. 실제로 해외에서는 진로 상담, 적성 검사 등을 통해 학생들이 자신의 잠재력을 발견하고, 그에 맞는 교육과정을 선택할 수 있도록 지원하는 시스템이 잘 갖춰져 있습니다. 우리나라도 이러한 시스템을 도입하고, 학생들이 스스로 자신의 미래를 설계할 수 있도록 교육 환경이 변화되고 있습니다. 개인의 행복과 사회 발전을 위해서는 스펙 중심의 교육 시스템에서 벗어나 적성과 흥미를 살리는 교육으로 전환해야 합니다.

# 2부

# 깎아내린 '완벽'이 아닌
# 쌓아올린 '특별함'으로

─────── 01 ───────

# 학업 능력은
# 삼박자가 맞아야 키워진다

21세기는 급격한 변화와 복잡성이 증가하는 시대입니다. 이러한 시대를 살아가는 아이들에게는 다양한 능력이 요구됩니다. 창의력, 글로벌 능력, 정보 활용 능력 등이 중요하게 언급되지만, 이 모든 능력의 근간에는 학습 능력이 자리하고 있습니다.

미래 사회는 더욱 빠르게 변화할 것이며, 이러한 변화에 유연하게 적응하고 새로운 지식을 습득하는 능력은 아이들의 성공적인 미래를 위한 필수 요소입니다. 학습 능력은 단순히 지식을 암기하는 것을 넘어, 자기 주도적 학습, 자기 목적성, 그리고 자신에게 맞는 학습 방법을 찾는 능력을 포함합니다.

자기 목적성이란 학습을 단순히 의무가 아닌, 스스로 성장하기 위한 하나의 과정으로 인식하는 것입니다. 외부의 강요나 보상 없이도 스스로 학습에 몰두하고, 학습 과정 자체를 즐길 수 있습니다. 빈센트 마노(Vincent Manno) 미국 올린 공대 학장은 "아이들이 진로를 찾는 것이 자기 목적성을 뚜렷하게 하는 유익한 방법이다"라고 말했습니다. 즉, 아이들이 스스로의 진로를 설정하고 목표를 가지는 것은 학습에 대한 동기를 부여하는 상력한 방법입니다.

자기 주도적 학습이란 학습의 모든 과정을 스스로 주도적으로 이끌어가는 것입니다. 학습 목표를 설정하고, 학습 계획을 세우고, 학습 방법을 선택하는 등 모든 과정을 스스로 결정하고 실행합니다. 자기 주도적 학습 능력을 갖춘 아이는 학교 밖에서도 스스로 학습하며 성장할 수 있습니다.

모든 사람은 고유한 학습 스타일을 가지고 있습니다. 자신에게 맞는 학습 방법을 찾아 학습 효율을 높이는 것은 매우 중요합니다. 예를 들어, 어떤 아이는 조용한 환경에서 집중하는 것을 좋아하고, 어떤 아이는 친구들과 함께 공부하는 것을 좋아할 수 있습니다.

학습 능력은 단순히 지식을 암기하는 것을 넘어, 스스로 학습하고 성장하는 능력을 의미합니다. 자기 주도적 학습, 자기 목적성, 자신에게 맞는 학습 방법을 찾는 능력을 갖춘 아이들은 급변하는 미래 사회에서도 성공적으로 살아갈 수 있을 것입니다.

부모는 아이들의 학습 능력을 키우기 위해 노력해야 합니다. 아이의 흥미를 발견하고 지지해주세요. 아이가 좋아하는 분야를 탐구할 수 있도록 기회를 제공하고, 격려해주세요. 스스로 문제를 해결할 수 있도록 도와주세요. 아이가 어려움에 부딪혔을 때, 즉각적인 해답을 주기보다는 스스로 문제를 해결할 수 있도록 돕는 것이 중요합니다. 긍정적인 학습 환경을 조성해주세요. 집에서도 학습에 집중할 수 있는 조용하고 쾌적한 공간을 마련해 주고, 규칙적인 학습 습관을 형성하도록 도와주세요. 다양한 학습 경험을 제공해주세요. 책 읽기, 실험, 체험 학습 등 다양한 학습 경험을 통해 아이의 학습 능력을 키워주세요.

아이들의 학습 능력은 하루아침에 길러지는 것이 아닙니다. 부모의 지속적인 관심과 노력이 필요합니다. 아이들이 스스로 학습하고 성장할 수 있도록 꾸준히 지원해주세요.

# 학습 유형별 맞춤 학습법과 학습 동기 부여 전략

| 리더형 | 사교형 |
|---|---|
| 주도적인 발표 수업이나 토론을 통해 새로운 경험, 자극을 받을 수 있는 학습 방법이 좋다. 특히 관찰과 암기 위주의 학습이 효과적이다. | 자신의 생각을 전달하거나 언어적 표현을 할 수 있는 발표 수업, 현장 탐방 및 토론 수업이 효과적이다. 시연과 반복적인 학습 방법을 선호한다. |
| 분석형 | 조화형 |
| 관찰 학습이나 연구 문제 풀이 같은 학습 방법이 효과적이다. | 개인적인 학습 과제를 선호하며, 생각을 표현하기 위해 글쓰기 전략을 활용한다. |

모든 학생이 동일한 학습 방식에 효과적으로 반응하는 것은 아닙니다. 각 학생은 고유한 학습 스타일과 강점을 가지고 있으므로, 이를 이해하고 맞춤형 학습 전략을 제시하는 것이 중요합니다.

리더형은 체계적인 학습을 선호하며, 목표 설정과 계획 수립에 능합니다. 논리적인 사고를 바탕으로 문제를 해결하고, 발표나 토론을 통해 자신의 생각을 효과적으로 전달합니다.

효과적인 학습 방법: 목표 설정, 계획 수립, 발표, 토론, 관찰,

암기.

사교형은 사람들과의 상호작용을 통해 학습 효과를 높이는 유형입니다. 협동 학습, 역할극, 현장 학습 등 다양한 활동을 통해 지식을 습득합니다.

효과적인 학습 방법: 협동 학습, 발표, 토론, 시연, 반복 학습.

분석형은 깊이 있는 사고와 분석 능력을 바탕으로 복잡한 문제를 해결합니다. 자료를 수집하고 분석하여 결론을 도출하는 것을 좋아합니다.

효과적인 학습 방법: 관찰, 분석, 연구, 문제 풀이.

조화형은 감성적이고 창의적인 학습 스타일을 가지고 있습니다. 이미지, 소리, 감각 등 다양한 감각을 활용하여 학습하며, 개인적인 경험과 연결하여 학습 내용을 이해합니다.

효과적인 학습 방법: 글쓰기, 그림 그리기, 마인드맵, 감각적인 활동.


학생들에게 학습의 중요성을 인식시키기 위해서는 학습의 목적을 명확히 하는 것이 좋습니다. 단순히 시험을 잘 보기 위한 것이 아니라, 미래의 꿈을 이루고 행복한 삶을 살기 위해 학습이 필요하다는 것을 알려주세요. 학습의 즐거움을 경험하게 해야 합니다. 지루한 이론 학습보다는 실험, 탐구, 프로젝트 등 다양한 활동을 통해 학습의 즐거움을 느끼게 해주세요. 작은 성공 경험이

라도 칭찬하고 격려하여 자신감을 키워주세요. 학습과 삶의 연결
고리를 보여주는 것도 한 방법입니다. 학습 내용이 실생활과 어
떻게 연결되는지 보여주면 학습의 의미를 더욱 깊이 이해할 수
있습니다. 스스로 학습 계획을 세우도록 도와야 합니다. 학습 계
획을 세우고 이를 실천하는 과정을 통해 자기 주도적인 학습 능
력을 키울 수 있도록 도와주세요.

학습은 단순히 지식을 암기하는 것이 아니라, 세상을 이해하
고 문제를 해결하며 성장하는 과정입니다. 학생들이 자신의 학습
스타일을 이해하고, 스스로 학습 목표를 설정하며, 즐겁게 학습
할 수 있도록 돕는 것은 매우 중요합니다. 부모는 학생들이 학습
에 대한 흥미를 잃지 않도록 지속적인 관심과 지원을 아끼지 않
아야 합니다.

# 02

# 배운 것을 숙성시켜야
# 내게 남는다

비가 아무리 많이 내려도 그 비를 담을 댐이 없다면 결국 필요할 때 물을 사용할 수 없습니다. 마찬가지로, 아무리 많은 지식을 습득한다 해도 그것을 담아둘 그릇, 즉 충분한 사고와 이해의 시간을 갖지 않는다면 그 지식은 쉽게 잊히고 맙니다.

많은 학생들이 배우는 것에 많은 시간을 투자하지만, 정작 중요한 것은 배운 내용을 얼마나 깊이 이해하고 내 것으로 만들었는지입니다. 마치 물을 컵에 가득 채우는 것처럼, 배운 내용을 머릿속에 담아두는 과정이 필요합니다. 이러한 과정을 통해 지식은 단순한 정보를 넘어, 문제 해결 능력과 창의적인 사고를 가능하게 하는 밑거름이 됩니다.

배우는 것과 아는 것은 다릅니다. 많은 학생들이 '듣는 척, 하는 척, 아는 척'을 하곤 합니다. 이러한 태도는 왜 생기는 것일까요? 그 이유 중 하나는 과도한 선행 학습 때문입니다. 예습은 학습 내용을 미리 훑어보며 수업에 대한 이해를 높이는 데 도움이 됩니다. 하지만 선행 학습은 이미 수업 내용을 미리 학습하는 것이기 때문에, 정작 수업 시간에는 집중력이 떨어지고 수동적인 태도를 취하게 됩니다. 마치 이미 다 알고 있다고 생각하기 때문에 수업 내용을 소홀히 하게 되는 것입니다.

배움의 균형을 맞추는 것이 중요합니다. 배움은 마치 정원 가꾸기와 같습니다. 씨앗을 심고 물을 주는 것만으로는 충분하지 않습니다. 싹이 트고 자라나 꽃을 피우기 위해서는 꾸준한 관리와 정성이 필요합니다. 마찬가지로, 학습도 단순히 지식을 습득하는 것에서 그치는 것이 아니라, 꾸준히 복습하고 응용하며 자신의 것으로 만들어가는 과정이 필요합니다.

따라서 학생들은 예습보다는 복습에 더 많은 시간을 투자해야 합니다. 배운 내용을 다시 한번 되짚어보고, 문제를 풀어보고, 다른 사람에게 설명해보는 등 다양한 방법으로 복습을 하는 것이 좋습니다. 이를 통해 학습 내용을 더욱 깊이 이해하고 오랫동안 기억할 수 있습니다.

학습은 단순히 정보를 습득하는 것이 아니라 그 정보를 활용하여 문제를 해결하고 새로운 지식을 창출하는 과정입니다. 학생들은 단순히 많이 배우기보다는, 배운 내용을 충분히 소화하고 자신의 것으로 만들어야 합니다. 이를 위해서는 꾸준한 복습과 다양한 학습 방법을 활용하는 것이 중요합니다. 또한, 학생들은 스스로 학습 계획을 세우고, 학습 과정을 관리하는 자기 주도적인 학습 태도를 길러야 합니다.

부모는 학생들이 학습의 중요성을 깨닫고, 스스로 학습하는 습관을 기를 수 있도록 돕는 역할을 해야 합니다.

# 아이들에게 학습의 즐거움을 선사하는 핀란드 교육법

핀란드 교육의 가장 큰 특징 중 하나는 아이들이 스스로 학습에 대한 동기를 부여하고 즐거움을 느끼도록 하는 것입니다. 단순히 지식을 전달하는 것을 넘어, 아이들의 잠재력을 최대한 발휘하고, 스스로 문제를 해결하며 성장할 수 있도록 돕는 것이 핀란드 교육의 핵심입니다.

핀란드 교육과정은 모든 아이들의 개별적인 차이를 존중하고, 각자의 강점을 발견하여 키워나가는 것을 목표로 합니다. 핀란드 교육 전문가들은 "모든 아이는 재능을 가지고 있다"며, 이러한 재능을 발견하고 키워주는 것이 교육의 가장 중요한 역할이라고 강조합니다.

왜 아이들은 공부에 흥미를 잃을까요? 말을 잘 듣던 아이가 고학년이 되면서 공부에 흥미를 잃는 경우가 많습니다. 이는 단순히 성장 과정에서 나타나는 자연스러운 현상이라기보다는, 우리나라 교육 시스템이 아이들의 개별적인 차이를 충분히 고려하지 못하고, 주입식 교육에 치중하기 때문일 수 있습니다.

성적은 노력의 결과물입니다. 많은 사람들이 성적을 높이기 위해서는 많은 양의 문제를 풀고, 암기를 해야 한다고 생각합니다. 하지만 핀란드 교육에서는 성적이 단순히 학습량과 비례하는 것이 아니라, 학습 내용을 얼마나 깊이 이해하고 활용할 수 있는지에 따라 결정된다고 강조합니다. 즉, 배운 내용을 자신의 것으로 만들고, 문제 해결에 적용할 수 있는 능력이 중요합니다.

## 핀란드 교육의 성공 요인

개별 맞춤형 교육: 각 학생의 학습 수준과 스타일을 고려하여 맞춤형 교육을 제공합니다.

협동 학습 강조: 친구들과 함께 학습하며 서로의 강점을 배우고, 협동심을 키울 수 있도록 합니다.

창의성과 비판적 사고력 함양: 정답이 정해진 문제 풀이보다는 다양한 관점에서 문제를 바라보고 해결책을 모색하는 활동을 중시합니다.

부모의 역할: 아이들의 성장을 돕는 촉매제 역할을 해야 합니다. 가정에서도 함께 아이의 교육에 참여하여 시너지 효과를 창출합니다.

핀란드 교육의 성공 사례는 우리나라 교육에도 시사하는 바가 큽니다. 아이들이 스스로 학습에 대한 동기를 부여하고, 즐거움을 느낄 수 있도록 하는 것이 핀란드 교육법의 핵심입니다.

# 03

# 왜 막히는 줄 알면서
# 그 길을 고집할까

아이들의 진로 선택에 부모의 영향력은 매우 큽니다. 하지만 현실적으로 많은 부모들이 아이들의 진로를 안내하는 데 어려움을 겪고 있습니다. 왜냐하면 부모 세대와는 전혀 다른 환경에서 살아가게 될 아이들의 미래 직업 세계에 대해 정확히 알기 어렵기 때문입니다.

## 부모가 간과하는 점들

제한된 정보: 대부분 부모들은 자신이 경험했던 직업이나 주변에서 흔히 볼 수 있는 직업에 대한 정보만을 가지고 있습니다.

현재 중심의 사고: 미래 사회의 변화를 예측하기 어렵기 때문에, 현재 안정적인 직업을 선호하는 경향이 있습니다.

경쟁 중심의 사고: 많은 부모들이 자녀가 남들보다 앞서나가기 위해 치열한 경쟁 속에서 살아남아야 한다고 생각합니다.

4차 산업혁명 시대를 맞이하여 인공지능, 빅데이터, 로봇 등 새로운 기술이 빠르게 발전하고 있습니다. 이러한 변화는 기존의 많은 직업을 대체하고, 새로운 직업을 탄생시킬 것입니다. 따라서 아이들은 미래 사회에서 필요로 하는 새로운 기술과 역량을 갖춰야 합니다.

피아니스트 이루마는 저서에서 "항상 새로운 것을 해라. 남들이 하지 않는 것을 하는 것이 좋다"라고 말했습니다. 이처럼 남들이 가지 않은 길을 개척하려는 도전 정신이 필요합니다.

아이들에게 다양한 직업에 대한 정보를 제공하고, 각 직업의 장단점을 비교해볼 수 있도록 도와주세요. 4차 산업혁명 시대의 변화를 이해하고, 미래 사회에서 필요로 하는 인재상을 파악해야 합니다. 부모는 아이의 가장 가까운 조력자로서 아이의 개성과 흥미를 존중하고, 이를 바탕으로 진로를 탐색할 수 있도록 지원해야 합니다. 다양한 경험을 통해 아이들이 자신의 적성과 흥미를 발견할 수 있도록 해야 합니다. 아이들의 선택을 존중하고, 실패를 두려워하지 않도록 격려해야 합니다.

아이들의 진로 선택은 인생의 중요한 결정입니다. 부모는 단순히 자신의 경험이나 사회적 통념에 기반하여 자녀의 진로를 결정하려 하기보다는, 아이들이 스스로 꿈을 꾸고 목표를 설정할 수 있도록 돕는 역할을 해야 합니다.

미래 사회는 예측하기 어려운 변화가 많을 것입니다. 따라서 아이들은 변화에 유연하게 대처하고, 새로운 것을 배우고 익히는 능력을 길러야 합니다. 부모는 아이들이 미래 사회를 살아가는 데 필요한 역량을 키울 수 있도록 다양한 지원을 아끼지 않아야 합니다.

# 4차 산업혁명 시대, 변화하는 미래

4차 산업혁명은 사물인터넷(IoT), 인공지능(AI), 빅데이터 등 첨단 기술이 융합되어 사회·경제 전반에 걸쳐 혁신적인 변화를 가져오는 시대를 의미합니다. 이러한 기술 발전은 우리의 삶을 더욱 편리하게 만들어주는 동시에, 기존의 직업 구조를 변화시키고 새로운 직업을 탄생시키고 있습니다.

4차 산업혁명의 핵심 기술 중 하나인 인공지능은 단순 반복적인 업무를 자동화하고, 데이터 분석 능력을 향상시켜 생산성을 높이는 데 기여하고 있습니다. 하지만 일각에서는 인공지능이 인간의 일자리를 대체하고, 대규모 실업 사태를 야기할 것이라는 우려를 제기하고 있습니다.

구글이 선정한 세계 최고의 미래학자 토머스 프레이((Thomas Frey) 다빈치연구소장은 2017년 발표한 『유엔 미래 보고서』에서 "2045년이면 지금의 일자리의 80%를 인공지능이 완전히 대신할 것이며, 현재 초등학교 어린이의 65%는 전혀 새로운 유형의 직업에 종사할 것이다"라고 예측했습니다. 이처럼 인공지능의 발달은 기존의 직업 구조를 근본적으로 변화시키고, 새로운 직업을 창출할 것으로 예상됩니다.

인공지능이 발달함에 따라 단순 반복적인 업무는 자동화되고, 인간만이 할 수 있는 창의적인 작업과 고차원적인 사고를 요하는 직업이 더욱 중요해질 것입니다. 단순 노동직, 데이터 입력, 번역 등 반복적인 업무를 수행하는 직업은 인공지능으로 대체될 가능성이 높습니다. 인공지능 개발자, 데이터 과학자, 로봇 엔지니어, 빅데이터 분석가, 가상현실 콘텐츠 개발자 등 새로운 기술과 관련된 직업이 미래에는 유망할 것으로 예상됩니다.

4차 산업혁명 시대에 성공하기 위해서는 창의성과 문제 해결 능력, 소통 능력, 융합적 사고 능력, 지속적인 학습 능력이 필요합니다. 4차 산업혁명은 우리의 삶을 획기적으로 변화시키고 있습니다. 인공지능의 발달은 일자리에 큰 영향을 미칠 것이지만, 동시에 새로운 기회를 창출할 것입니다. 미래 사회에서 성공하기 위해서는 변화에 유연하게 대처하고, 새로운 기술을 배우고 활용할 수 있는 능력을 키워야 합니다.

# 본류를 이해하고
# 지류를 봐라

강의 잔잔한 본류와 달리, 실개천은 비와 바람에 따라 끊임없이 모습을 바꿉니다. 마찬가지로 우리나라의 대입 제도 역시 빈번하게 변화하며 학생과 학부모들을 혼란스럽게 만들고 있습니다. 아이의 대입을 준비하면서 학부모들은 제도의 변화에 적응하기 위해 많은 어려움을 겪습니다. 마치 끊임없이 변화하는 실개천을 따라 길을 찾아 헤매는 것과 같습니다. 하지만 끊임없이 변화하는 지류에만 집중하기보다는, 변하지 않는 본류에 주목해야 합니다.

교육의 본류는 무엇일까요? 바로 진로와 진학의 연계입니다.

과거에는 대학 입시만을 목표로 학습하는 경향이 강했지만, 현대 사회에서는 대학 교육을 통해 자신의 진로를 설계하고, 사회에 필요한 인재로 성장하는 것이 중요해졌습니다.

우리나라 교육과정은 이러한 변화를 반영하여 진로 교육을 강화하고 있습니다. 초등 고학년부터 고등학생까지 진로 연계 학기, 자유학기제, 고교학점제 등 다양한 프로그램을 통해 학생들이 자신의 신로를 탐색하고 설계할 수 있도록 지원하고 있습니다. 특히 고교학점제는 학생들이 자신의 희망 진로와 관련된 과목을 선택하여 수강하고, 이를 통해 대학 진학에 필요한 역량을 키울 수 있도록 하는 제도입니다.

대입 제도는 자주 변화하지만, 그 핵심은 변하지 않습니다. 즉, 대학은 사회에 필요한 인재를 양성하는 곳이며, 학생들은 대학에서 배우는 지식과 경험을 바탕으로 자신의 꿈을 실현해야 합니다. 따라서 학생과 학부모는 대입 제도의 세부적인 변화에 일희일비하기보다는, 교육의 본질에 집중해야 합니다.

아이의 강점과 약점을 파악해야 합니다. 자신의 적성과 흥미를 파악하고, 강점을 살리고 약점을 보완할 수 있는 진로를 선택해야 합니다. 다양한 경험을 쌓아야 합니다. 봉사활동, 동아리 활동, 진로 체험 등 다양한 경험을 통해 자신에게 맞는 진로를 찾아야 합니다. 꾸준한 자기 개발이 필요합니다. 학습 능력, 문제 해결 능력, 소통 능력 등 사회에서 요구하는 핵심 역량을 키워야 합니다. 변화하는 환경에 유연하게 적응하고, 어려움을 극복할 수 있는 긍정적인 마음가짐을 가져야 합니다.

끊임없이 변화하는 교육 제도 속에서 길을 잃지 않기 위해서는, 본류를 잊지 않고 변화에 유연하게 대처하는 자세가 필요합니다. 즉, 대입 제도의 세부적인 변화에 일희일비하기보다는, 교육의 본질인 진로와 진학의 연계에 집중해야 합니다. 자신의 꿈을 향해 나아가는 과정에서 어려움이 있더라도, 끊임없이 노력하고 도전한다면 분명 좋은 결과를 얻을 수 있을 것입니다.

# 공교육의 진로 교육 활용하기

진로 교육은 더 이상 선택이 아닌 필수입니다. 급변하는 사회에서 자신의 적성과 흥미에 맞는 진로를 탐색하고 준비하는 것은 매우 중요합니다. 나행히 우리나라 교육과정은 학생들이 자신의 진로를 설계하고 미래를 준비할 수 있도록 다양한 진로 교육 프로그램을 운영하려 준비하고 있고 실행될 것입니다.

진로 연계 학기: 초등학교 6학년, 중학교 3학년, 고등학교 3학년 2학기에는 진로연계학기가 운영됩니다. 이 기간 동안 학생들은 자신의 진로와 관련된 다양한 활동에 참여하며 진로를 탐색하고 구체화할 수 있습니다.

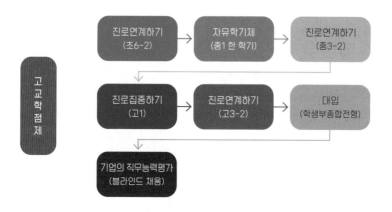

자유학기제: 중학교 1학년 한 학기 동안 운영되는 자유학기제는 학생들이 시험 부담 없이 다양한 체험 활동에 참여하며 자신의 흥미와 적성을 찾을 수 있도록 지원합니다.

　고교학점제: 고등학교에서는 고교학점제를 통해 학생들이 자신의 진로와 관련된 과목을 선택하여 수강할 수 있습니다. 이를 통해 학생들은 희망하는 진로에 대한 심층적인 학습을 할 수 있고, 대학 진학에 필요한 역량을 키울 수 있습니다.

# 대입 전형 이해하기

대입 전형은 크게 정시 전형과 수시 전형으로 나눌 수 있습니다. 최근에는 수시 전형의 비중이 점차 확대되고 있으며, 각 전형마다 평가 기준과 방법이 다릅니다.

정시 전형: 수능 성적을 중심으로 선발하는 전형입니다. 수능 성적이 우수한 학생들에게 유리합니다.

수시 전형: 학생부 종합 전형, 학생부 교과 전형, 논술 전형 등 다양한 전형으로 구성되어 있습니다. 각 전형마다 평가하는 요소가 다르므로, 자신의 강점에 맞는 전형을 선택하는 것이 중요합니다.

자신에게 맞는 전형을 선택하려면 고등학교 생활 동안 교과 성적, 비교과 활동, 봉사활동 등 다양한 활동을 하면서 자신의 강점을 파악해야 합니다. 각 전형에서 무엇을 평가하는지 꼼꼼하게 확인하고, 자신의 강점을 최대한 살릴 수 있는 전형을 선택해야 합니다. 진로 진학 상담 선생님이나 학원의 진학 전문가에게 상담을 받아 자신에게 맞는 전형을 선택하는 것이 좋습니다.

| 정시 | | 수능 위주의 선발 전형<br>전국 단위의 절대 지표로 활용 |
|---|---|---|
| 수시 | 학생부 교과 | 교과 내신 위주의 선발 전형<br>고교 단위 내신을 절대 지표로 활용<br>▶수능 최저 있음 |
| | 학생부 종합 | 교과+비교과+서류 위주의 선발 전형<br>학생부+서류+구술을 상대 지표로 활용<br>▶수능 최저 적용, 미적용 혼재 |
| | 특기 | 어학, 수학/과학, 체육, 특기 위주의 선발 전형<br>서류+특기+구술을 상대 지표로 활용 |
| | 논술 | 교과형 논술 위주의 선발 전형<br>단위대학 모집단위별 절대 지표로 활용<br>▶수능 최저 적용 대학 많음 |

24학년도 대입 전형(정시 21.2% / 수시 78.8%).

대입은 인생의 중요한 전환점입니다. 성공적인 대입을 위해서는 자신의 강점을 파악하고, 목표를 설정하며, 꾸준히 노력해야 합니다. 특히, 공교육에서 제공하는 다양한 진로 교육 프로그램을 적극적으로 활용하고, 전문가의 도움을 받는 것이 좋습니다.

# 05

# 잘 몰라서
# 걱정하지 않을 수도 있다

고교학점제에 대한 학부모님들의 관심이 높아지고 있습니다. 하지만 여전히 많은 분들이 고교학점제에 대해 낯설고 어렵게 느끼고 계십니다. 강연을 통해 고교학점제에 대한 이해도를 확인해 보면, 대부분의 학부모님들이 고교학점제라는 용어는 들어봤지만, 구체적인 내용이나 시행 방식에 대해서는 잘 모르는 경우가 많습니다.

고교학점제란 무엇일까요? 고교학점제는 학생 개개인의 진로와 적성에 따라 교과목을 스스로 선택하여 이수하고, 누적 학점에 일정 기준에 도달하면 졸업하는 제도입니다. 마치 대학처럼 학생들이 자신의 진로를 설계하고, 그에 맞는 과목을 선택하여 학습할 수 있도록 하는 것이죠. 이는 단순히 교육과정의 변화를 넘어, 학생 중심 교육으로의 큰 전환을 의미합니다.

왜 고교학점제가 중요할까요? 개별 맞춤형 교육, 즉 학생 개개인의 특성과 흥미에 맞춰 학습할 수 있도록 지원합니다. 스스로 학습 계획을 세우고, 목표를 달성하기 위한 노력을 기울이도록 합니다. 다양한 분야의 과목을 선택하고 학습하며 창의적인 사고력을 키울 수 있도록 합니다. 급변하는 사회에서 필요로 하는 문제 해결 능력, 융합적 사고 능력, 자기 주도 학습 능력 등을 함양할 수 있도록 합니다.

고교학점제, 어떻게 준비해야 할까요? 학생은 고등학교 입학 전까지 자신의 흥미와 적성을 파악하고, 희망하는 진로를 설정하는 것이 좋습니다. 이를 위해 다양한 진로 체험 활동에 참여하고, 진로 상담을 받는 것이 도움이 됩니다. 희망 진로에 맞춰 과목을 선택해야 합니다. 예를 들어, 의학 계열 진학을 희망하는 학생이라면 심화수학(미적분II, 기하), 생명과학, 화학 등 관련 과목을 집중적으로 이수하는 것이 좋습니다. 고교학점제에서는 학생부가 대입의 중요한 평가 자료로 활용됩니다. 따라서 교과 성적뿐만 아니라 비교과 활동, 동아리 활동 등 다양한 진로 활동을 통해 학생부를 풍성하게 채워야 합니다. 학부모는 자녀의 진로 선택을 지원하고, 학습 계획을 세우는 과정에서 함께 고민해야 합니다. 또한, 학교에서 제공하는 다양한 진로 교육 프로그램에 적극적으로 참여하여 자녀의 진로 설계를 돕는 것이 중요합니다.

고교학점제, 어려움은 없을까요? 고교학점제는 학생들에게 더 많은 선택권을 부여하지만, 동시에 학생과 학부모에게 어려움을 안겨줄 수도 있습니다. 다양한 과목 중에서 자신에게 맞는 과목을 선택하는 것이 쉽지 않습니다. 또, 스스로 학습 계획을 세우고 관리해야 하므로 학습 부담이 증가할 수 있습니다. 학부모의 불안감이 커집니다. 자녀의 미래에 대한 불안감 때문에 사녀의 선택을 간섭하거나, 과도한 기대를 할 수 있습니다.

고교학점제가 성공적으로 안착하기 위해서는 학생, 학부모, 교사, 학교, 사회 모두의 노력이 필요합니다. 학교에서는 학생들이 자신의 진로를 탐색하고 설계할 수 있도록 다양한 지원을 제공해야 합니다. 학부모는 자녀의 선택을 존중하고, 긍정적인 태도로 지지해야 합니다. 학생들은 스스로 학습 계획을 세우고, 목표를 달성하기 위해 노력해야 합니다.

고교학점제는 학생 개개인의 성장을 위한 중요한 교육 개혁입니다. 하지만 고교학점제가 성공적으로 안착하기 위해서는 학생, 학부모, 교사 모두의 노력과 협력이 필요합니다.

# 고교학점제 심층 분석

　고교학점제는 학생 개개인의 고유한 특성과 꿈을 존중하며, 이에 맞춰 학습 기회를 제공하는 새로운 교육 패러다임입니다. 교육부는 고교학점제를 "학생이 기초 소양과 기본 학력을 바탕으로 진로·적성에 따라 과목을 선택하고, 이수 기준에 도달한 과목에 대해 학점을 취득·누적하여 졸업하는 제도"라고 정의합니다. (고교학점제 홈페이지: https://www.hscredit.kr/)

## 고교학점제의 도입으로 인한 변화

　과목 선택의 자유 확대: 학생들은 자신의 진로와 흥미에 따라 다양한 과목을 선택할 수 있습니다.

　학습 방식의 변화: 교사 주도의 일방적인 수업에서 벗어나, 학생 중심의 참여형 학습이 활성화될 것입니다.

　평가 방식의 변화: 지필 시험 위주의 평가에서 벗어나, 포트폴리오, 발표, 토론 등 다양한 방법을 활용한 평가가 이루어질 것입니다.

　학교 교육과정의 다양화: 학교별로 특색 있는 교육과정을 운

| 교시 | 월 | 화 | 수 | 목 | 금 |
|---|---|---|---|---|---|
| 1교시 | 영어1 | 화법과 작문 | 영어1 | 생명과학1 | 미적분 |
| 2교시 | 보건 | 미적분 | X | X | 화법과 작문 |
| 3교시 | 미적분 | 창체 | 화학1 | 영어1 | 창체 |
| 4교시 | 생활과 윤리 | | 생활과 윤리 | 화법과 작문 | |
| 5교시 | 생명과학1 | 화법과 작문 | 융합과학 | 보건 | 영어1 |
| 6교시 | | X | | 화학1 | X |
| 7교시 | 진로와직업 | X | 진로와 직업 | X | 미적분 |

상경 계열
진학 희망 학생

| 교시 | 월 | 화 | 수 | 목 | 금 |
|---|---|---|---|---|---|
| 1교시 | 영어1 | 문학 | 논술 | 영어1 | 문학 |
| 2교시 | 확률과 통계 | 음악 감상과 비평 | 정치와 법 | 확률과 통계 | 음악 감상과 비평 |
| 3교시 | 정치와 법 | 논술 | 확률과 통계 | 정치와 법 | 논술 |
| 4교시 | 창체 | 사회문제 탐구 | 문학 | 창체 | 사회문제 탐구 |
| 5교시 | | 영어1 | 경제 | | 영어1 |
| 6교시 | 경제 | 확률과 통계 | 창체 (동아리) | 경제 | 확률과 통계 |
| 7교시 | 문학 | X | | 문학 | X |

고등학교 2학년 같은 반 학생의 시간표.

영할 수 있게 되어 교육의 질을 향상시킬 수 있습니다.

진로희망에 따라 큰 차이가 생깁니다. 선택과목을 일반, 진로, 융합으로 세분화하고 국어, 영어, 수학 수업 시간이 105차시 감소합니다. 선택한 진로에 적합한 선택과목을 더 많이 들을 수 있도록 과목 개설하는데, 출석이 2/3 미만이거나 학업성취율이 40%에 미치지 못하는 경우에는 미이수가 되며 보충 이수를 실시해야 합니다.

# 06

# 나만의 북극성을
# 찾기까지

나만의 북극성을 찾는 일은 마치 광활한 우주에서 나만의 행성을 찾는 것처럼 쉽지 않습니다. 하지만 아이가 어떤 분야에 조금이라도 호기심을 보인다면, 그것은 긴 여정의 첫걸음을 내디딘 것과 같습니다. 많은 학생들이 자신의 흥미를 찾지 못하고 어려움을 겪고 있습니다. 이는 아이의 문제라기보다는, 우리 사회가 진로 탐색의 중요성을 간과하고, 학생들에게 충분한 기회를 제공하지 못했기 때문일 수 있습니다.

흥미를 찾기 어렵다면, 검사나 상담을 통해 자신의 강점과 약점, 성격 유형 등을 파악하는 것이 도움이 됩니다. 그리고 흥미를 느끼는 분야에 대한 다양한 활동을 통해 자신에게 맞는 직업인지 확인하는 과정이 필요합니다. 인터넷, 도서, 유튜브 등 다양한 매체를 통해 흥미 있는 분야에 대한 정보를 수집하고, 관련된 체험 활동에 참여하는 것이 좋습니다. 전문가와의 상담을 통해 자신의 진로에 대한 고민을 해결하고, 구체적인 계획을 세울 수 있습니다.

어떤 직업이든 장점과 단점이 존재합니다. 단순히 긍정적인 측면만을 보고 판단하기보다는, 현실적인 어려움도 함께 고려해야 합니다. 해당 직업을 수행하기 위해 필요한 역량이 무엇인지 파악하고, 자신이 그 역량을 갖추고 있는지 평가해야 합니다. 해당 직업의 미래 전망을 꼼꼼히 살펴보는 것이 중요합니다. 자신의 가치관과 직업이 일치하는지 고려해야 합니다.

## 진로 탐색을 위한 구체적인 방법

독서: 진로와 관련된 도서, 칼럼, 뉴스 기사 등을 읽으며 정보를 얻고, 다양한 시각을 접할 수 있습니다.

체험 활동: 박람회, 체험관 등을 방문하여 직접 체험하고, 관련 분야의 전문가와 만나 이야기를 나누는 것이 좋습니다.

멘토링: 관련 분야에서 일하는 사람을 멘토로 삼아 조언을 구하고, 현실적인 정보를 얻을 수 있습니다.

온라인: 유튜브, 온라인 강의 등을 통해 다양한 정보를 얻고,

다른 사람들의 경험을 공유할 수 있습니다.

　부모는 자녀의 선택을 존중하고, 긍정적인 피드백을 제공하여 자신감을 심어주어야 합니다. 다양한 진로 정보를 제공하고, 자녀의 진로 탐색을 지원해야 합니다. 자녀가 수집한 정보를 바탕으로 장단점을 비교 분석하고, 합리적인 선택을 할 수 있도록 도와야 합니다. 필요한 경우 진로 상담 전문가의 도움을 받아 자녀의 진로 고민을 해결할 수 있도록 지원해야 합니다.

　나만의 북극성을 찾는 것은 쉽지 않지만, 끊임없이 노력하고 다양한 경험을 쌓는다면 분명 자신에게 맞는 길을 찾을 수 있을 것입니다. 부모는 자녀의 진로 탐색을 지원하고, 격려하며, 함께 성장해 나가는 동반자 역할을 해야 합니다.

# 초등학생 진로 활동 계획

초등학생의 진로 탐색은 단순한 호기심 충족을 넘어, 미래를 설계하는 중요한 과정입니다. 앞서 언급된 항목들을 바탕으로 더욱 구체적이고 효과적인 진로 활동 계획을 세울 수 있습니다.

## 나만의 진로 탐색 로드맵 만들기

진로 탐색 리스트 작성: 다양한 직업 체험, 진로 관련 도서 목록, 방문하고 싶은 박물관이나 연구소 등을 리스트로 만들어보세요.

구체적인 계획 세우기: 각 활동을 언제, 어디서, 누구와 함께 할지 구체적으로 계획해보세요. 예를 들어, '3월에는 동네 도서관에서 과학 관련 도서를 빌려 읽고, 4월에는 과학관에 방문하여 직접 체험해보기'와 같이 구체적이어야 합니다.

## 학년별 맞춤형 진로 활동

저학년은 인물 고전을 읽어봅니다. 역사 속 위인들의 삶을 통해 다양한 직업과 가치관을 접하고, 꿈을 키울 수 있도록 합니다. 역할 놀이, 직업 체험 프로그램 등을 통해 다양한 직업을 간접적으로 경험하게 합니다. 부모님의 직업에 대해 질문하고, 다양한 직업에 대한 이야기를 나누는 시간을 갖습니다.

고학년은 자신의 강점과 약점, 흥미, 가치관 등을 파악하고, 이를 바탕으로 진로를 탐색합니다. 직업 체험 프로그램에 참여하거나, 관련 분야의 전문가를 만나 인터뷰를 하는 등 실제적인 경험을 쌓습니다. 진로 관련 도서를 읽고, 다양한 직업 세계에 대한 정보를 얻습니다. 자신의 진로 목표를 설정하고, 이를 달성하기 위한 구체적인 계획을 세웁니다.

부모는 자녀의 진로 탐색을 지지하고 격려하며, 긍정적인 분위기를 조성합니다. 자녀가 다양한 경험을 할 수 있도록 기회를 제공하고, 함께 활동에 참여합니다. 진로 관련 정보를 찾아주고, 자녀와 함께 정보를 공유하며 토론합니다.

주의할 점으로는 강요를 하지 않아야 합니다. 자녀의 선택을 존중하고, 스스로 결정할 수 있도록 기다려줍니다. 비교 역시 금지입니다. 다른 친구와 비교하지 않고, 자녀만의 개성과 강점을 발견하도록 도와줍니다. 진로는 단기간에 결정되는 것이 아니므로, 꾸준히 관심을 가지고 지원해야 합니다. 학교에서 제공하는 다양한 진로 교육 프로그램에 적극적으로 참여하고, 담임 선생님과 상담을 통해 자녀의 진로에 대한 정보를 얻는 것이 좋습니다.

초등학생 시기는 진로에 대한 흥미를 키우고, 다양한 경험을 통해 자신을 이해하는 중요한 시기입니다. 부모와 학교의 적극적인 지원과 함께, 아이 스스로 즐겁게 진로 탐색 활동에 참여할 수 있도록 돕는 것이 중요합니다.

# 아이가 자신에 대해
# 궁금해지기 시작하는 시기에

초등학교 저학년 시기는 아이들이 세상을 처음 경험하고, 자신만의 관심사를 발견하는 소중한 시기입니다. 친구들과의 관계 속에서 사회성을 배우고, 다양한 활동을 통해 숨겨진 재능을 발견하기도 합니다. 이 시기에 아이들이 보이는 작은 흥미와 호기심은 미래의 꿈을 향한 첫걸음이 될 수 있습니다.

아이의 흥미를 발견하고 키우는 방법으로는, 아이가 스스로 흥미를 느끼고 탐구할 수 있는 환경을 조성해주는 것이 중요합니다. 다양한 놀이, 독서, 체험 활동을 통해 아이의 잠재력을 이끌어낼 수 있습니다. 아이가 특정 분야에 흥미를 보일 때, 이를 적극적으로 지지하고 관련 활동을 지원해주세요. 예를 들어, 과학에 관심이 많은 아이에게는 과학 실험 키트를 선물하거나, 미술에 재능이 있는 아이에게는 미술 수업을 등록해주는 등의 방법이 있습니다. 인물 고전을 읽는 것도 좋은 방법입니다. 역사 속 위인들의 이야기를 통해 아이들은 다양한 직업과 삶의 가치를 배우고, 자신의 꿈을 키울 수 있습니다. 아이가 흥미를 느끼는 분야의 전문가를 만나 직접 이야기를 나누는 기회를 제공해주세요. 멘토는 아이에게 롤 모델이 되어주고, 진로에 대한 궁금증을 해소해줄 수 있습니다. 직접 만날 수 없다면 유튜브에는 다양한 분야의 전문가들이 만든 콘텐츠가 많습니다. 아이의 흥미에 맞는 영상을 함께 시청하고, 이야기를 나누는 시간을 가져보세요. 부모는 아이의 가장 가까운 조언자이자 지지자입니다. 아이의 성장 과정을 함께하며, 격려와 지지를 아끼지 마세요.

초등학년 시기의 진로 탐색은 단순히 미래의 직업을 정하는 것을 넘어, 아이의 자존감을 높이고 학습 동기를 부여하는 데 중요한 역할을 합니다. 자신이 좋아하고 잘하는 일을 찾아 꾸준히 노력하면서 성취감을 느끼고, 자신감을 키울 수 있도록 도와주세요.

초등학생 시기는 아이들이 세상을 배우고, 자신을 발견하는 소중한 시기입니다. 부모는 아이의 잠재력을 믿고, 다양한 경험을 제공하며, 긍정적인 환경을 조성해주는 것이 중요합니다. 아이의 작은 꿈이 큰 나무로 자랄 수 있도록 꾸준히 관심을 가지고 지지해주세요.

# 멘토와의 만남을 위한 질문 목록

멘토와의 만남은 단순한 질의응답을 넘어, 진로에 대한 깊이 있는 이해를 얻고, 실질적인 조언을 얻는 소중한 기회입니다. 미리 준비된 질문 목록은 멘토와의 대화를 더욱 풍요롭게 만들고, 목표하는 정보를 효과적으로 얻을 수 있도록 도와줍니다.

멘토 찾기 및 활용

학교: 담임 선생님이나 진로 상담 선생님에게 도움을 요청합니다.

가족, 친척, 지인: 주변에 멘토가 될 수 있는 사람이 있는지 찾아봅니다.

온라인 플랫폼: 멘토링 프로그램을 운영하는 온라인 플랫폼을 활용합니다.

사회복지기관: 지역 사회복지기관에서 운영하는 멘토링 프로그램에 참여합니다.

멘토와의 만남은 단순히 직업에 대한 정보를 얻는 것뿐만 아니라, 자신의 꿈을 구체화하고, 앞으로 나아갈 방향을 설정하는 데 큰 도움이 될 것입니다.

멘토와의 만남은 양방향 소통이 중요합니다. 멘토의 경험과 지식을 배우는 동시에, 자신이 가진 생각과 질문을 적극적으로 제시하여 더욱 풍요로운 대화를 이끌어내세요.

### 직업에 대한 구체적인 질문

현재 담당하고 있는 일에 대한 구체적인 설명을 부탁드립니다.

하루 일과는 어떻게 되나요? 어떤 도구나 기술을 주로 사용하나요?

이 직업을 선택하게 된 계기는 무엇인가요?

이 직업의 가장 매력적인 부분은 무엇이고, 가장 어려운 점은 무엇인가요?

이 직업을 하면서 가장 기억에 남는 경험은 무엇인가요?

### 필요한 역량 및 준비 과정

이 직업에서 성공하기 위해 필요한 핵심 역량은 무엇인가요?

어떤 자격증이나 학위가 유용할까요?

이 직업을 준비하기 위해 어떤 공부를 해야 할까요?

실무 경험을 쌓는 방법은 무엇이 있을까요?

### 직업의 미래 전망

이 직업의 미래 전망은 어떻게 보시나요?

앞으로 이 직업 분야에서 어떤 변화가 예상되나요?

이 직업을 유지하기 위해 어떤 노력이 필요할까요?


일과 삶의 균형

일과 삶의 균형을 어떻게 유지하고 계신가요?

스트레스를 해소하는 선생님만의 방법이 있다면 알려주세요.


후배들에게 해주고 싶은 말

이 직업을 꿈꾸는 후배들에게 해주고 싶은 조언이 있다면 무엇인가요?

후회 없이 이 직업을 선택하고 싶다면 어떤 준비를 해야 할까요?


멘토와의 소통을 위해서는 멘토의 이야기를 경청하고, 질문을 통해 더 깊이 있는 내용을 파악하려고 노력합니다. 궁금한 점은 적극적으로 질문하고, 멘토와의 대화에 적극적으로 참여합니다. 멘토의 시간을 내어준 것에 대한 감사를 표현하고, 앞으로도 도움을 받고 싶다는 의사를 전달합니다. 멘토와의 대화 내용을 메모하거나 녹음하여, 나중에 다시 참고할 수 있도록 합니다.

# 08

# 몰입하는 사람에게는
# 이것이 있다

동기란 무엇일까요? 동기는 어떤 행동을 하도록 우리를 움직이는 힘이라고 할 수 있습니다. 우리가 매일 아침 일어나 학교나 직장에 가는 것도, 새로운 것을 배우고 성장하려는 것도 모두 동기가 있기 때문입니다. 동기는 크게 외적 동기와 내적 동기로 나눌 수 있습니다.

외적 동기는 외부의 요인에 의해 움직이는 힘입니다. 좋은 성적을 받으면 선물을 준다거나, 시험에 잘 보면 원하는 것을 해줄 때처럼 외부적인 보상을 통해 동기를 부여하는 방식입니다. 잘못된 행동을 하면 벌을 준다거나, 원하는 것을 못 하게 하는 등의 처벌을 통해 행동을 변화시키려는 방식도 있습니다. 다른 사람과 비교하여 더 잘하고 싶은 마음이 들고, 경쟁에서 동기가 생기는 경우도 있습니다.

외적 동기는 단기적으로는 효과가 있을 수 있지만, 지속적인 동기를 부여하기는 어렵습니다. 과정보다는 결과에 초점을 맞추게 되어, 학습의 본질적인 가치를 놓칠 수 있습니다. 외부의 요구에 의해 행동하게 되므로, 스스로 선택하고 결정하는 능력이 저하될 수 있습니다.

내적 동기는 스스로 만들어내는 힘입니다. 어떤 일에 흥미를 느껴 스스로 하고 싶어 하는 마음, 자신이 어떤 일을 잘 해낼 수 있다는 믿음을 가지고 있을 때 느끼는 동기입니다. 스스로 목표를 설정하고, 그 목표를 달성하기 위해 노력하는 과정에서 성취감을 느낍니다.

내적 동기는 외부의 요인에 의존하지 않고, 스스로 학습의 필요성을 느끼기 때문에 장기적인 학습이 가능합니다. 단순히 결과만을 위한 학습이 아니라, 학습 과정 자체를 즐기면서 깊이 있는 학습을 할 수 있습니다. 스스로 문제를 해결하고 새로운 것을 배우려는 노력을 통해 창의적인 사고력을 키울 수 있습니다.

## 아이의 내적 동기를 높이는 방법

칭찬과 격려: 아이의 작은 노력에도 칭찬과 격려를 아끼지 않

아야 합니다.

자율성 부여: 아이 스스로 선택하고 결정할 수 있는 기회를 제공하여 책임감을 키워줍니다.

학습 환경 조성: 아이의 흥미를 끌 수 있는 다양한 학습 자료와 활동을 제공합니다.

목표 설정 돕기: 아이가 스스로 목표를 설정하고 달성할 수 있도록 돕습니다.

진로와의 연계: 학습 내용이 미래의 꿈과 어떻게 연결되는지 설명해줍니다.

아이의 학습 동기를 높이기 위해서는 외적 동기보다는 내적 동기를 강화하는 것이 중요합니다. 아이가 스스로 학습의 의미를 찾고, 즐거움을 느낄 수 있도록 돕는 것이 부모의 역할입니다.

학습 동기 부여는 단기간에 이루어지는 것이 아니라, 꾸준한 노력과 관심이 필요합니다. 아이의 개인적인 특성과 학습 스타일을 고려하여 맞춤형 학습 계획을 세우는 것이 중요합니다.

# 자기 목적성 실험

심리학자 웬디 애들라이게일(Wendy Adlai-Gail) 교수의 연구에 따르면, 자신의 목표를 명확히 하고 이를 달성하기 위해 노력하는 학생들은 그렇지 않은 학생들보다 학습에 더 많은 시간을 투자하는 것으로 나타났습니다. 연구팀은 중고등학생 200명을 대상으로 설문조사를 실시하여 자기 목적성이 강한 학생 집단과 그렇지 않은 학생 집단으로 나누고, 각 집단의 시간 사용 패턴을 비교했습니다.

그 결과, 자기 목적성이 강한 학생들은 평균적으로 학습에 더 많은 시간을 할애하는 것으로 나타났습니다. 특히 TV 시청 시간의 경우, 자기 목적성이 낮은 학생들이 TV 시청에 더 많은 시간을 할애하는 경향을 보였습니다.

이 연구는 자기 목적성이 학습에 미치는 영향을 극명하게 보여줍니다. 자기 목적성이 뚜렷한 학생들은 그렇지 않은 학생들보다 훨씬 더 많은 시간을 학습에 투자하고, 그 결과 학업 성취도 역시 높게 나타났습니다.

왜 자기 목적성이 학습에 중요할까요?

자기 목적성이 있는 학생은 외부의 강요나 보상 없이도 스스로 학습에 참여하고 목표를 달성하기 위해 노력합니다. 흥미와 목표 의식을 가지고 학습에 임하기 때문에 집중력이 높아지고, 학습 효과가 극대화됩니다. 어려움에 직면했을 때도 목표를 향해 나아가기 위한 해결책을 찾으려는 노력을 기울입니다. 학습 과정에서 겪는 어려움을 극복하고 성장하는 경험을 통해 자존감과 자신감을 높일 수 있습니다.

## 자기 목적성을 높이는 방법

명확한 목표 설정: 구체적이고 현실적인 목표를 설정하고, 이를 달성하기 위한 계획을 세웁니다.

흥미로운 학습 활동: 학습 내용과 관련된 다양한 활동을 통해 학습에 대한 흥미를 높입니다.

긍정적인 자기 대화: 스스로를 격려하고, 자신감을 키우는 자기 대화를 합니다.

지속적인 피드백: 학습 과정에서 얻는 피드백을 통해 자신을 평가하고 개선해 나갑니다.

성공 경험 축적: 작은 성공 경험을 통해 자신감을 키우고, 더 큰 목표를 향해 나아갈 수 있는 용기를 얻습니다.

자기 목적성이 부족한 경우에는 외부의 평가나 보상에 의해 동기가 부여되는 경우가 많습니다. 장기적인 목표보다는 단기적인 성과에만 집중하는 경향이 있습니다. 어려움에 직면했을 때 쉽게 포기하고, 다른 사람과 비교하며 자신감을 잃습니다.

자기 목적성은 학습뿐만 아니라 삶의 모든 영역에서 성공을 위한 중요한 요소입니다. 자기 목적성을 키우기 위해서는 꾸준한 노력과 자신감이 필요하며, 부모의 지지가 중요합니다. 자녀의 흥미와 적성을 파악하고, 이를 바탕으로 학습 활동을 지원하면서 자녀가 스스로 학습에 참여할 수 있도록 긍정적인 분위기를 조성합니다. 자녀가 스스로 결정하고 책임질 수 있는 기회를 주면서, 어려움을 겪을 때에 격려하고 필요한 도움을 제공하세요. 자기 목적성을 키우기 위한 부모의 역할입니다.

# 09

# 아이가 '공부의 이유'를 물을 때
# 답해야 할 것들

　내 아이가 '공부를 왜 하는지, 열심히 해야 하고 잘해야 하는지 모르겠다'라는 얘기를 들었다면 어떻게 설명할 것인지 생각해보는 시간을 갖도록 해봅시다. 많은 부모들이 자녀에게 "공부 왜 해야 돼?"라는 질문을 받고 어떻게 답해야 할지 고민합니다. 단순히 '좋은 대학 가려고, 잘 살려고'라는 답변은 아이의 학습 동기를 단기적인 목표에 국한시킬 수 있습니다. 아이가 스스로 학습의 의미를 찾고, 평생 학습자로 성장하기 위해서는 좀 더 깊이 있는 설명이 필요합니다.

　학습은 삶의 도구이자 목표 달성을 위한 수단입니다. 아이에게 공부가 단순히 시험을 잘 보기 위한 수단이 아니라, 삶을 살아가는 데 필요한 지식과 기술을 습득하는 과정임을 알려주는 것이 중요합니다.

아이가 좋아하는 것, 하고 싶은 일과 학습을 연결하여 설명해 줍니다. 예를 들어, "네가 좋아하는 게임을 만들고 싶다면 프로그래밍을 배워야 해"와 같이 구체적인 예시를 들어 설명하면 아이는 학습의 필요성을 더욱 쉽게 이해할 수 있습니다. 아이의 꿈을 이야기하며, 그 꿈을 이루기 위해 필요한 역량을 키우는 것이 학습의 목표임을 강조합니다. 학습을 통해 세상을 이해하고, 사회에 기여하는 사람이 될 수 있음을 알려줍니다. 학습은 단순히 지식을 쌓는 것이 아니라, 스스로 성장하고 발전하는 과정입니다.

학습은 즐거운 경험이 될 수 있습니다. 학습은 단순히 주어진 과제를 해결하는 것이 아니라, 새로운 것을 배우고 탐구하는 즐거운 과정입니다. 학습은 평생 함께하는 동반자입니다. 학습은 학교를 졸업하는 순간 끝나는 것이 아니라, 평생 동안 이어지는 과정임을 강조합니다. 빠르게 변화하는 사회에서 살아남기 위해서는 끊임없이 배우고 성장해야 함을 설명합니다. 새로운 분야에 대한 호기심을 가지고 끊임없이 배우는 즐거움을 알려줍니다.

아이와 함께 성장하는 부모가 되세요. 아이의 관심사에 귀 기울이고, 아이가 무엇에 관심을 가지고 있는지 관찰하고, 이를 학습과 연결시켜줍니다. 아이와 함께 책을 읽고, 새로운 것을 배우는 시간을 갖습니다. 아이의 노력을 칭찬하고, 격려하여 자신감을 심어줍니다. 아이의 성장은 시간이 필요한 과정임을 이해하고, 인내심을 가지고 기다립니다.

아이에게 "공부 왜 해?"라는 질문에 대한 답변은 단순한 지식 전달을 넘어, 학습의 의미와 가치를 함께 나누는 소중한 기회입니다. 아이가 스스로 학습의 중요성을 깨닫고, 평생 학습자로 성장할 수 있도록 돕는 것은 부모의 가장 큰 역할 중 하나입니다.

## '공부를 왜 해야 돼?' 학부모들의 실제 답변들

힘든 사람들을 도와주고, 그 사람들을 위한 일을 하는 사람이 되기 위해서.

정말 하고 싶은 것을 선택할 때 마음껏 선택할 수 있는 중요한 자산이라서. 나중에 무언가를 너무 하고 싶은데 공부를 안 해놔서 선택하지 못한다면 후회스럽지 않을까?

공부는 삶을 살아가는 하나의 방법을 익히는 것. 지식을 받아들이고 해석하고 이해하는 방법을 익히면 스스로 학습할 수 있게 되고, 더 깊이 있는 공부를 할 수 있는 능력을 키울 수 있다. 자기가 하고 싶은 공부는 평생 해가는 것이다.

고통받는 사람들의 눈물을 닦아줄 수 있는 소양을 기르는 것이 공부. 아이들이 공부를 새롭게 자신만의 방법으로 정의 내리고, 그것을 스스로 판단할 수 있으면 좋겠다.

네가 살아가는 데 있어 앞으로 수많은 선택과 결정을 해야 할 일이 생길 것인데, 많은 것을 경험해보는 게 제일 중요하지만, 그중에서 공부는 네가 무슨 일을 하든 그 밑바탕이 되어줄 것. 공부를 잘하게 되면 선택지가 넓어진다.

아는 것이 힘, 밥을 잘 먹고, 잘 놀고, 운동도 열심히 하는 것처럼 공부도 그중 하나다.

공부를 통해 너는 어떤 것을 알아가고 싶니? 역질문한다. 똑똑한 사람들은 아는 것도 많고 포기하지 않는 사람이다.

앞으로 살아가면서 최소한 사기는 당하지 않아야지 않겠니. 세상을 보는 눈, 사람을 보는 눈, 그리고 나를 바라보는 눈, 즉 지혜가 필요하기 때문에 공부하는 것.

성인이 되어서 어쩔 수 없이 해야 하는 일이 아닌 정말 내가 하고 싶은 일을 하면서 즐겁게 살고 싶으면 학생일 때 준비 과정으로 공부를 해야 하고, 열심히 한다면 보다 더 좋은 일을 선택할 수 있다.

내가 좋아하는 것, 잘하는 것, 즐길 수 있는 것들로 자신만의 독특한 콘텐츠를 만드는, 인생을 즐겁게 살기 위한 것.

하고 싶은 것을 할 수 있고, 하고 싶은 것을 하다가도 다른 것을 하고 싶을 때, 어려움 없이 다른 것을 도전할 수 있게 하는 저축!

## 인공지능 시대, 아이들에게 길러줘야 할 능력은?

학부모 질문 인공지능의 발달이 우리 사회를 급격하게 변화
시키고 있습니다. 단순 반복적인 업무는 인공지능이 대체하
고, 인간은 창의성과 문제 해결 능력을 요구하는 새로운 영역
으로 이동해야 하는 시대가 도래한다는데요. 이러한 변화 속
에서 아이들이 어떤 능력을 길러야 인공지능과의 경쟁에서
살아남고, 더 나아가 인공지능을 활용하여 더 나은 미래를 만
들어갈 수 있을까요?

과거에는 지식 암기와 문제 풀이 능력이 중요시되었지만, 이제
는 창의성, 비판적 사고, 문제 해결 능력, 협업 능력 등이 더욱 중요
해지고 있습니다. 인공지능은 방대한 데이터를 빠르게 처리하고
분석하여 정확한 결과를 도출할 수 있지만, 인간은 창의성과 감성
을 기반으로 새로운 아이디어를 창출하고 문제를 해결할 수 있습
니다.

## 인공지능 시대에 필요한 핵심 역량

**끊임없는 학습 능력:** 빠르게 변화하는 세상에서 살아남기 위해서는 끊임없이 새로운 것을 배우고 익히는 능력이 필수적입니다.

**창의적 문제 해결 능력:** 기존의 지식과 경험을 바탕으로 새로운 문제에 대한 해결책을 찾아내는 능력이 중요합니다.

**집요하게 질문하는 능력:** AI가 제시하는 것을 맹목적으로 수용하지 말고 해당 정보의 다른 관점에 대해 집요하게 질문해서 원하는 것을 얻는 능력이 중요합니다.

**비판적 사고 능력:** 정보의 홍수 속에서 진실과 거짓을 판단하고, 비판적인 시각으로 문제를 분석하는 능력이 필요합니다.

**소통 능력:** 다양한 사람들과 효과적으로 소통하고 협력하여 공동의 목표를 달성하는 능력이 중요합니다.

**도덕적 판단 능력:** 인공지능 시대에는 윤리적인 문제에 대한 판단 능력이 더욱 중요해질 것입니다.

아이들이 다양한 분야에 대한 호기심을 갖도록 격려하고, 스스로 탐구하고 학습할 수 있는 환경을 조성해주세요. 책을 통해 다양한 지식과 경험을 쌓고, 비판적 사고 능력을 키울 수 있도록 독서 습관을 길러주세요. 직접 경험하고 체험하는 과정을 통해 문제 해결 능력과 창의력을 키울 수 있도록 다양한 활동을 제공해주세요.

다른 사람들과 함께 문제를 해결하고 아이디어를 공유하는 경험을 통해 협동 능력을 키울 수 있도록 도와주세요.

인공지능 시대에 살아갈 아이들에게 가장 중요한 것은 스스로 학습하고 성장하는 능력입니다. 지식 암기보다는 창의적인 사고를, 경쟁보다는 협력을 강조하는 교육 환경을 만들어주는 것이 중요합니다. 또한, 부모는 아이들의 잠재력을 믿고 격려하며, 끊임없이 배우고 성장하는 모습을 보여주는 것이 중요합니다.

## 게임에 빠진 아이

**학부모 질문** 아이가 게임에 빠져 학업에 소홀히 하는 모습을 보면서 큰 고민에 빠지게 됩니다. 단순히 게임 중독 문제를 넘어 아이의 미래와 직결되는 심각한 문제 같아요. 왜 아이들은 게임에 쉽게 중독될까요? 그리고 이 문제를 해결하기 위해서는 어떤 노력이 필요할까요?

게임은 강렬한 시각적, 청각적 자극을 제공하여 뇌에 쾌감을 주어 이에 대한 의존성을 높입니다. 게임은 목표 달성 시 즉각적인 보상을 제공하여 성취감을 느끼게 하므로, 이러한 즉각적인 보상은 도파민 분비를 촉진하여 중독성을 높이고요.

게임에 많은 시간을 할애하면서 학습 시간이 줄어들고, 집중력이 저하되어 학업 성적이 떨어질 수도 있고, 비만, 수면 부족, 운동 부족 등 신체 건강 문제를 유발할 수도 있습니다.

이를 해결하기 위해서는 우선은 가족 간의 소통을 강화해야 합니다. 함께 식사를 하거나, 대화를 나누는 시간을 늘려 가족 간의 유대감을 강화합니다. 아이의 활동에 관심을 보이고 칭찬하며, 긍정적인 상호작용을 통해 아이의 자존감을 높여줍니다.

직접적인 방안으로는 규칙적인 스크린 시간을 설정합니다. 스마트폰, 컴퓨터, 게임기 사용 시간을 정하고, 이를 지키도록 합니다. 게임 외에도 아이가 흥미를 느낄 수 있는 다양한 활동을 제공하여 관심을 분산시킵니다.

물론 심각한 경우에는 전문가의 상담을 통해 문제를 해결할 수 있습니다. 가족 상담이나 인지 행동 치료 등을 통해 아이의 행동 변화를 유도할 수 있습니다.

게임 중독 예방을 위해서는 어릴 때부터 독서 습관을 길러주어야 합니다. 책 읽기를 통해 상상력과 사고력을 키우고, 집중력을 향상시킬 수 있습니다. 이를 위해서는 부모가 모범을 보여야 합니다. 부모가 스마트폰 사용을 자제하고, 책을 읽는 등 바람직한 모습을 보여주는 것이 중요합니다. 아이들도 스트레스를 풀 수 있는 활동을 하도록 다른 채널을 만들어줘야 합니다. 선진국의 아이들은 학업 이외 운동이나 악기 등 해소 방법을 마련해줍니다. 그에 비해 우리 아이들은 스마트폰 이외 해소할 방법이 적거나 없다 보니 더 집착하게 됩니다.

아이의 게임 중독은 단기간에 해결될 수 있는 문제는 아닙니다. 인내심을 가지고 꾸준히 노력해야 합니다. 아이와의 소통을 통해 문제의 원인을 파악하고, 아이의 개성과 흥미를 고려하여 맞춤형 해결 방안을 모색해야 합니다. 이 과정에서 전문가의 도움을 받는 것도 좋은 방법입니다.

## 기대하는 것처럼 공부가 잘 안 되는 이유

**학부모 질문** 나름 좋다는 방법은 두루두루 찾아서 아이가 해보도록 하고 있는데 결과가 기대에 미치지 못해요. 다양한 교육 방법을 시도해도 기대하는 만큼의 효과를 보지 못하고 있습니다.

아이의 학습 부진은 단순히 노력 부족이 아니라, 다양한 요인이 복합적으로 작용한 결과입니다. 학습 부진을 해결하기 위해서는 아이의 개별적인 특성을 고려하고, 학습의 본질을 이해하는 것이 중요합니다. 부모는 아이의 긍정적인 성장을 위해 꾸준히 관심을 가지고 지원해야 합니다. 단순히 학습 방법의 문제라기보다는, 우리 교육 시스템의 구조적인 문제와 학습에 대한 근본적인 이해 부족에서 비롯된 문제일 수 있습니다.

시험 성적에 지나치게 집중하면 학습의 본질인 지적 호기심과 탐구심을 잃어버리기 쉽습니다. 또 시험 성적 등 단기적인 목표에만 집중하면 장기적인 관점에서의 학습의 중요성을 간과할 수 있습니다. 모든 학생에게 동일한 교육 내용과 방법을 적용하는 것은 개별 학습자의 차이를 고려하지 않는 것입니다.

불완전 학습이 누적되면, 이전 학습 내용을 완전히 이해하지 못한 상태에서 다음 단계로 넘어가므로 학습 효과가 떨어지고, 학습에 흥미를 잃게 됩니다. 이런 경험이 지속되면 학습에 대한 어려움을 느끼고, 학습 포기를 유발할 수 있습니다.

학습 부진 해결을 위해서는 근본적인 해결 방안이 필요합니다.

아이가 학습의 본질을 이해하고, 즐거움을 느낄 수 있도록 도와야 합니다. 아이의 흥미를 끌 수 있는 주제를 중심으로 학습 활동을 설계합니다. 스스로 학습 계획을 세우고 목표를 달성할 수 있도록 지원합니다. 아이의 노력을 칭찬하고 격려하여 자신감을 높여 줍니다.

아이의 특성을 고려한 맞춤형 학습 계획을 세워야 합니다. 아이의 학습 스타일을 파악하고, 아이의 수준과 속도에 맞춰 개별적인 학습 계획을 수립합니다. 충분한 연습을 통해 학습 내용을 완전히 내재화할 수 있도록 돕습니다. 특히 작은 성공 경험을 통해 자신감을 키워주어야 합니다.

## 습관은 걸어온 만큼 걸어가야 바꿀 수 있다

**학부모 질문** 아이의 잘못된 습관을 바꿔주고 싶은데 몇 번 시도했지만 다 실패했어요. 어떻게 해야 좋을까요?

아이의 잘못된 습관으로 고민하시는 부모님께 깊이 공감합니다. 아이의 변화를 위해 노력하는 것은 쉽지 않지만, 꾸준한 노력과 인내심을 가지고 함께 해나가면 분명 좋은 결과를 얻을 수 있을 것입니다. 저희 아이도 그랬습니다. 집에 오면 TV를 켜놓고 게임을 시작하고, 학원 갈 시간이면 정신없이 학원 가방을 들고 뛰쳐나가 학원에서 몇 시간을 보내는데 공부에 집중하지는 못합니다. 집으로 돌아와서는 공부하는 척만 하면서 페이지는 그대로인데 시간만 보내고, 자리에 앉아 있었다는 명분으로 다시 게임을 시작하고 늦게까지 합니다. 다음 날 등교해야 하는데 큰 소리 내며 깨워야 겨우 일어나고, 운동은 전혀 안 하니 살이 쪘습니다. 초등 6학년 2학기 무렵 사춘기에 접어들며 이런 모습이 시작되었습니다.

### 아이의 변화를 위한 노력, 왜 쉽지 않을까요?

오랜 시간 반복된 행동은 습관이 되어 쉽게 바뀌지 않습니다. 특히 사춘기처럼 변화가 많은 시기에는 더욱 굳어지기 쉽습니다. 모든 아이의 성장 속도와 학습 방식은 다르기 때문에, 한 가지 방법으로 모든 아이에게 효과를 보기는 어렵습니다. 가족, 친구, 학교 등 주변 환경의 영향도 아이의 습관 형성에 큰 영향을 미칩니다. 부모 역시 끊임없이 변화하는 아이의 모습에 힘들어하고, 때로는 인내심을 잃기도 합니다.

**아이의 습관을 바꾸기 위해서는** 긍정적인 변화를 위한 구체적인 계획을 수립해야 합니다.

아이의 현재 행동 패턴을 자세히 관찰하고 기록합니다. 매일 30분 동안 책 읽기, 스마트폰 사용 시간 줄이기 등 구체적이고 달성

가능한 목표를 설정합니다. 그런 다음 목표를 달성하기 위한 구체적인 계획을 세우고, 아이와 함께 공유합니다.

칭찬과 격려를 아끼지 마세요. 작은 변화에도 칭찬이 필요합니다. 아이가 조금이라도 노력한 모습을 보이면 칭찬을 아끼지 않아야 합니다. 비난보다는 긍정적인 피드백을 통해 아이의 자존감을 높여줍니다. 가족이 함께 노력하는 과정입니다. 부모가 먼저 규칙적인 생활 습관을 보여주는 것이 중요합니다. 아이와 함께 목표를 향해 나아가는 과정을 공유하고, 서로 격려하며 동기 부여를 합니다.

**습관은 걸어온 만큼 걸어가야 바꿀 수 있습니다.** 저 역시 습관을 하루아침에 바꿀 수 없다는 것을 알고 시작했지만 초반에 실망이 컸습니다. 그렇지만 포기하지 않고 약 2년을 지속했고, 결국 아이의 생활 습관이 긍정적으로 바뀌었습니다. 그때 잡힌 습관이 사회생활을 하는 지금까지도 긍정적 요인으로 작용하고 있습니다.

**인내심과 꾸준함이 관건입니다.** 습관 변화는 하루아침에 이루어지지 않습니다. 꾸준히 노력하는 과정이 필요합니다. 실패하더라도 좌절하지 않고 다시 시작할 수 있도록 격려해줍니다. 아이의 의견을 존중하고, 스스로 결정할 수 있도록 기회를 주어야 합니다. 강압적인 태도는 오히려 반발심을 불러일으킬 수 있으므로 절대 금물입니다. 즐겁고 편안한 분위기에서 소통하며 문제를 해결해나가는 것이 중요합니다.

아이의 습관을 바꾸는 것은 쉽지 않지만, 부모의 꾸준한 노력과 사랑으로 충분히 가능합니다. 아이의 변화를 위해 인내심을 가지고 함께 노력해나가세요.

## 아이의 성장과 진로 성장은 같은 보폭으로

**학부모 질문** 아이의 진로, 어떻게 준비해야 할까요? 아이가 커가는데 진로는 언제 결정하면 좋고, 진로 활동은 어떻게 하는 것이 좋나요?

아이의 미래를 위해 진로에 대한 고민은 자연스럽습니다. 하지만 너무 이른 나이부터 구체적인 진로를 정하려고 하기보다는 아이의 성장 단계에 맞춰 다양한 경험을 제공하고, 흥미와 적성을 발견하는 데 초점을 맞추는 것이 중요합니다.

### 유아기: 무한한 가능성을 펼치는 시기
유아기는 아이의 모든 잠재력이 꽃피울 수 있는 시기입니다. 다양한 놀이와 경험을 통해 아이의 호기심을 자극하고, 세상에 대한 탐구심을 키워주는 것이 중요합니다. 특히, 책을 읽거나 박물관, 미술관 등을 방문하는 활동은 아이의 사고력과 상상력을 풍부하게 해줍니다.

### 초등학생: 흥미를 탐색하고 진로에 대한 감을 잡는 시기

초등학생은 학습을 시작하며 자신에 대해 조금씩 알아가는 시기입니다. 유아기에 보였던 흥미를 바탕으로 더욱 구체적인 활동을 통해 진로에 대한 감을 잡을 수 있도록 도와주세요. 다양한 진로 체험 프로그램에 참여하거나, 관련 도서를 읽고, 진로 상담을 받는 등의 활동을 통해 아이의 흥미를 확인하고, 진로에 대한 이해를 넓혀주세요.

**초등 저학년:** 다양한 분야에 대한 호기심을 충족시키고, 진로 체험을 통해 흥미로운 분야를 찾아보는 것이 좋습니다.

**초등 고학년:** 진로 검사를 통해 자신의 강점과 약점을 파악하고, 흥미 있는 분야에 대한 정보를 더욱 심층적으로 탐색하여 몇 가지 가능한 진로를 설정해 보는 것이 좋습니다.

### 중학생: 진로에 대한 구체적인 계획을 세우는 시기

중학생은 자유학기제를 통해 다양한 진로 체험을 할 수 있는 좋은 기회를 얻습니다. 이 시기에는 자신이 원하는 직업이 무엇인지 구체적으로 고민하고, 그 직업을 얻기 위해 어떤 노력을 해야 하는지 계획을 세워보는 것이 중요합니다.

다양한 직업에 대한 정보를 수집하고, 직업인과의 만남을 통해 현실적인 직업 세계를 경험해보세요. 자신의 강점과 약점을 객관적으로 평가하고, 이를 바탕으로 진로를 선택하는 것이 중요합니다. 진로 로드맵 설계해보세요. 단기적인 목표와 장기적인 목표를 설정하고, 이를 달성하기 위한 구체적인 계획을 세워보세요.

## 고등학생: 진로를 구체화하고 미래를 설계하는 시기

고등학생은 대학 진학이나 직업 선택을 앞두고 진로에 대한 구체적인 계획을 세워야 합니다. 고등학교에서 배우는 교과목과 연계하여 진로를 탐색하고, 다양한 대학 및 학과 정보를 수집하여 자신에게 맞는 진로를 선택해야 합니다.

진로와 연계된 교과목을 선택하여 심층적인 학습을 하고, 관련 분야의 전문가를 만나 진로 상담을 받는 것이 좋습니다. 대학 및 학과에 대한 정보를 수집하고, 다양한 대학과 학과의 교육과정, 진로 전망 등을 비교 분석하여 자신에게 맞는 진로를 선택합니다. 인턴십, 봉사활동 등 다양한 경험을 통해 사회생활에 대한 적응력을 키우고, 직무 역량을 강화합니다.

아이의 진로는 정해진 틀 안에 가두기보다는, 다양한 가능성을 열어두고 꾸준히 관심을 가지고 지켜봐 주는 것이 중요합니다. 부모는 아이의 잠재력을 믿고, 스스로 꿈을 찾아갈 수 있도록 격려하고 지원해야 합니다.

3부

# 누구나
# 자신이 생각하는 것보다
# 많은 것을 가지고 있다

# 다름을 이해하고 인정하지 않으면
# 거울 보고 나와도 싸운다

외향적인 엄마와 내향적인 아이, 서로 다른 속도와 방식으로 세상을 경험하는 두 사람입니다. 엄마는 아이의 더딘 행동에 조급함을 느끼고, 아이는 엄마의 기대에 부응하지 못한다는 생각에 힘들어합니다. 이러한 상황은 서로에게 상처를 주고, 아이의 자존감을 떨어뜨릴 수 있습니다.

**왜 아이는 느릴까요?** 내향적인 아이는 행동에 앞서 생각하고, 모든 것을 신중하게 판단하는 경향이 있습니다. 이는 결코 나쁜 것이 아니라, 아이만의 고유한 성격입니다. 엄마는 아이의 이러한 특성을 존중하고 기다려주는 인내심이 필요합니다.

**부모의 태도는 아이의 성장에 큰 영향을 미칩니다.** 특히 내향적인 아이에게는 부모의 긍정적인 지지와 격려가 더욱 중요합니다. 아이의 작은 노력에도 칭찬과 격려를 아끼지 않아야 합니다. 기다림의 미학을 생각하세요. 아이가 자신의 속도로 세상을 경험할 수 있도록 충분한 시간을 주어야 합니다. 다른 아이와 비교하지 않고, 아이 스스로의 성장에 집중해야 합니다. 아이의 강점을 찾아 칭찬하고, 그 강점을 살릴 수 있도록 지원해야 합니다.

부모는 어떻게 변화해야 할까요? 먼저 자신을 돌아보고, 아이에게 비교하는 모습을 보이지는 않는지 확인해야 합니다. 아이의 입장에서 생각하고, 아이가 느끼는 감정을 이해하려고 노력해야 합니다. 필요하다면, 전문가의 도움을 받아 양육에 대한 조언을 구할 수 있습니다.

## 내향적인 아이의 강점을 키우는 방법

조용한 환경 조성: 집중력을 높이고, 편안하게 생각할 수 있는 환경을 만들어주세요.

독서 습관 길러주기: 책을 통해 다양한 경험을 하고, 상상력을 키울 수 있도록 도와주세요.

소규모 모임 참여: 소수의 친한 친구들과 함께 시간을 보내며 사회성을 기를 수 있도록 지원해주세요.

특별한 재능 찾기: 아이의 숨겨진 재능을 발견하고, 이를 키울

수 있도록 지원해주세요.

　내향적인 아이는 조용하고 신중한 성격을 가진 소중한 존재입니다. 부모는 아이의 개성을 존중하고, 아이의 강점을 키워주는 데 집중해야 합니다. 서로를 이해하고 존중하는 과정을 통해 행복한 가정을 만들어나갈 수 있을 것입니다.

# MBTI(성격유형지표) 중 에너지 방향의 차이

| 특징 | 외향적인 사람 | 내향적인 사람 |
|---|---|---|
| 소통 방식 | 말하는 것을 좋아하고, 감정을 직접적으로 표현한다. | 글 쓰는 것을 좋아하고, 감정을 내면에 담아둔다. |
| 외부 자극에 대한 반응 | 외부 요청이나 외적 환경에 의해 쉽게 끌려나간다. | 외부 요청이나 방해에 의해 쉽게 지친다. |
| 사회성 | 관계를 중요하게 생각하고, 사람들과의 교류를 통해 에너지를 얻는다. | 개인적인 시간과 공간을 중요하게 생각하고, 소수의 친한 사람들과의 관계를 선호한다. |
| 삶의 방식 | 삶에 넓이를 부여하고, 다양한 경험을 추구한다. | 삶에 깊이를 부여하고, 내면세계를 탐구한다. |
| 생각하는 방식 | 행동하고 나서 생각하는 경향이 있다. | 생각하고 나서 행동하는 경향이 있다. |
| 에너지 충전 방식 | 타인과의 교류, 외부 활동을 통해 에너지를 얻는다. | 혼자만의 시간, 독서, 사색을 통해 에너지를 얻는다. |

외향적인 사람과 내향적인 사람, 서로 다른 매력을 가진 두 유형.

우리는 흔히 사람들을 외향적인 사람과 내향적인 사람으로 나누어 이야기합니다. 외향적인 사람은 활발하고 사교적이며, 새로운 사람들을 만나고 다양한 경험을 하는 것을 즐깁니다. 반면, 내향적인 사람은 조용하고 내성적이며, 혼자만의 시간을 통해 에너지를 충전하는 것을 선호합니다.

## 오해와 편견을 넘어, 서로를 이해하기

외향적인 사람에 대한 오해: 외향적인 사람은 항상 활기차고 긍정적이어야 한다는 고정관념은 잘못된 것입니다. 외향적인 사람도 때로는 외롭고, 스트레스를 받을 수 있습니다.

내향적인 사람에 대한 오해: 내향적인 사람은 사회성이 부족하고, 소극적인 사람이라는 편견은 잘못된 것입니다. 내향적인 사람은 깊이 있는 사고와 독창적인 아이디어를 가진 경우가 많습니다.

중요한 것은 서로의 차이를 인정하고 존중하는 것입니다. 내향적인 사람의 조용한 성격을 존중하고, 혼자만의 시간을 필요로 한다는 것을 이해해야 합니다. 외향적인 사람의 활발한 성격을 인정하고, 다양한 사람들과의 교류를 통해 세상을 넓혀나가는 경험을 할 수 있도록 노력해야 합니다.

외향적인 사람과 내향적인 사람은 서로 다른 강점과 약점을 가지고 있습니다. 중요한 것은 서로의 차이를 인정하고 존중하며, 각자의 개성을 살려 행복한 삶을 살아가는 것입니다.

# 02

# 가치관은 행복 결정에
# 중요한 열쇠가 된다

학생들과 상담하다 보면, 막연하게 '일을 하고 싶다'라는 생각
보다는 좀 더 구체적인 목표를 가지고 있는 경우가 많습니다. 돈
을 많이 벌고 싶다거나, 사회에 기여하고 싶다는 등, 자신만의 가
치관을 바탕으로 미래의 직업을 꿈꾸고 있는 것입니다.

가치관이란 무엇일까요? 가치관은 삶에서 무엇을 중요하게
생각하고, 어떤 것을 추구하는지를 나타내는 개인적인 신념 체계
입니다. 마치 나침반의 바늘처럼, 인생의 방향을 결정하는 중요
한 역할을 합니다. 특히 직업 선택에 있어 가치관은 더욱 중요한
의미를 지닙니다.

경제적 가치와 사회적 가치, 어떤 것을 선택해야 할까요? 사

람들은 저마다 다른 가치관을 가지고 있습니다. 어떤 사람은 경제적인 성공을 중요하게 생각하고, 어떤 사람은 사회에 기여하는 삶을 살고 싶어 합니다. 경제적 가치란 높은 수입, 안정적인 직업, 물질적인 풍요를 추구하는 가치관입니다. 사회적 가치란 사회에 기여하고, 다른 사람을 돕고, 의미 있는 삶을 살고 싶어 하는 가치관입니다.

예를 들어 두 명의 변호사를 비교해볼 수 있습니다. 한 명은 높은 수입을 올리는 대형 로펌에서 일하며 경제적인 성공을 추구하고, 다른 한 명은 인권 변호사로 활동하며 사회 정의를 실현하기 위해 노력합니다. 이처럼 같은 직업이라도 개인의 가치관에 따라 전혀 다른 방식으로 일을 할 수 있습니다.

자신의 가치관과 일치하는 직업을 선택하는 것은 매우 중요합니다. 왜냐하면, 가치관과 직업이 일치할 때 우리는 일에서 더 큰 만족감과 성취감을 느낄 수 있기 때문입니다. 반대로 자신의 가치관과 맞지 않는 일을 하게 되면 스트레스를 받고, 직무 만족도가 낮아질 수 있습니다. 경제적인 성공을 중요하게 생각하는 사람이 인권 변호사로 일하게 된다면 낮은 수입과 높은 스트레스로 인해 어려움을 겪을 수 있습니다. 사회에 기여하는 삶을 중요하게 생각하는 사람이 높은 매출을 요구하는 대형 로펌에서 일하게 된다면 자신의 가치관과 충돌하여 괴로워할 수 있습니다.

자신의 가치관을 찾는 것은 쉽지 않지만, 다양한 경험을 통해 자신이 무엇을 중요하게 생각하는지 깨달을 수 있습니다. 좋아하는 것, 잘하는 것, 중요하게 생각하는 가치 등을 곰곰이 생각해보세요. 다양한 분야의 사람들을 만나고, 다양한 일을 해보면서 자신에게 맞는 일을 찾아보세요. 전문가의 도움을 받아서도 자신의 강점과 약점을 파악하고, 적성에 맞는 직업을 찾을 수 있습니다.

직업 선택은 단순히 돈을 버는 수단을 넘어, 삶의 의미와 행복을 찾는 과정입니다. 자신만의 가치관을 명확히 하고, 이를 바탕으로 직업을 선택한다면 더욱 만족스러운 삶을 살 수 있을 것입니다.

# 슈프랑거의 가치 유형

슈프랑거는 사람들이 삶에서 추구하는 가치를 6가지 유형으로 나누었습니다. 이를 직업 선택에 적용하면, 자신이 어떤 가치를 중요하게 생각하는지에 따라 어떤 직업에 더 적합할지 파악하는 데 도움이 됩니다.

| | | | 핵심 가치 |
|---|---|---|---|
| 내적 가치관 | 미적형 | 아름다움과 조화를 추구하며, 예술적 감각과 창의성이 뛰어납니다. 예술가, 디자이너, 음악가 등의 직업이 적합합니다. | 아름다움, 조화, 창조 |
| | 사회형 | 타인과의 관계를 중시하며, 봉사하고 협력하는 것을 좋아합니다. 사회복지사, 교사, 상담가 등의 직업이 적합합니다. | 사랑, 우정, 봉사 |
| | 종교형 | 절대적인 가치를 추구하며, 도덕적이고 신념이 확고합니다. 종교인, 윤리학자 등의 직업이 적합합니다. | 신념, 도덕, 영성 |
| 중립적 가치관 | 이론형 | 지적 탐구와 진리를 추구하며, 체계적인 사고와 분석 능력이 뛰어납니다. 과학자, 철학자, 교수 등의 직업이 적합합니다. | 진리, 지식, 이해 |
| 외적 가치관 | 경제형 | 물질적인 성공과 안정을 추구하며, 실용적이고 효율적인 성격을 가지고 있습니다. 사업가, 금융인 등의 직업이 적합합니다. | 효율성, 성취, 부 |

| 외적 가치관 | 정치형 | 권력과 지배를 추구하며, 리더십과 추진력이 강합니다. 정치인, 기업 CEO 등의 직업이 적합합니다. | 권력,지배 영향력, |
|---|---|---|---|

슈프랑거의 6가지 가치 유형.


직업 가치관과의 연관성

위의 6가지 유형 중 자신과 가장 부합하는 유형을 파악하면, 자신의 핵심 가치를 이해하는 데 도움이 됩니다. 자신의 가치와 일치하는 직업을 선택하면, 직업 생활에서 더 큰 만족감과 성취감을 얻을 수 있습니다. 각 유형별로 요구되는 능력과 적성을 파악하여, 자신의 강점을 살릴 수 있는 직업을 찾을 수 있습니다. 자신이 추구하는 가치와 일치하는 직업을 선택하면, 직무 만족도가 높아지고 직업 생활에 대한 만족감도 높아질 수 있습니다.


슈프랑거의 가치 유형을 활용한 직업 선택 가이드

나는 어떤 일을 할 때 가장 행복한가? 어떤 사람이 되고 싶은가? 등 다양한 질문을 통해 자신이 무엇을 중요하게 생각하는지 파악합니다. 슈프랑거의 6가지 유형을 비교하여, 자신과 가장 부합하는 유형을 찾습니다. 해당 유형에 맞는 직업들을 조사하고, 각 직업의 장단점을 비교합니다. 전문가와의 상담을 통해 자신의 강점과 약점을 파악하고, 적합한 직업을 찾는 데 도움을 받을 수 있습니다.

물론 슈프랑거의 가치 유형은 사람의 복잡한 가치관을 단순화한 것이므로, 한 가지 유형에만 국한될 수 없습니다. 사람의 가치관은 시간이 지남에 따라 변화할 수도 있습니다. 직업 선택은 가치관 외에도, 능력, 경험, 환경 등 다양한 요소를 종합적으로 고려해야 합니다.

# 03

# 네가 있기에 내가 있다,
# 우분투(Ubuntu)

한 인류학자가 어느 부족의 아이들에게 게임을 하자고 제안을
했습니다. 학자는 근처 나무에 아이들이 좋아하는 음식을 매달아
놓고 먼저 도착한 사람이 먹을 수 있다고 얘기하고 게임의 시작
을 외쳤습니다. 그런데 아이들은 각자 뛰어가지 않고 모두 손을
잡고 가서 음식을 함께 먹었습니다.

인류학자가 아이들에게 한 명이 먼저 가면 다 차지할 수 있는
데 왜 함께 뛰어갔느냐 묻자 아이들이 '우분투'라고 외치며 "다른
사람이 슬픈데 어떻게 혼자 행복해질 수 있나요?"라고 반문했다
고 합니다. 우분투는 반투족 말로 '네가 있기에 내가 있다'는 뜻이
라고 합니다.

인류학자가 제안한 게임에서 아이들은 개인의 이익보다 함께 나누는 것을 선택했습니다. '우분투'라는 철학을 가슴에 품고, 다른 사람의 행복을 자신의 행복으로 여기는 모습은 현대 사회에서 잃어버린 무언가를 상기시켜줍니다.

우리가 살고 있는 사회는 과거와는 다르게 인공지능과의 경쟁이 심화되고 있습니다. 이러한 시대에는 개인의 능력보다는 협력을 통한 시너지 효과가 더욱 중요해질 것입니다. 우리 역시 자녀에게 경쟁보다는 협력의 중요성을 가르치고, 친구들과의 관계를 긍정적으로 이끌어줄 수 있도록 노력해야 합니다.

우분투 정신을 실천하기 위해서는 함께 하는 경험이 필요합니다. 가족, 친구들과 함께 다양한 활동을 통해 협력의 중요성을 배우는 경험입니다. 자녀와의 대화를 통해 서로의 생각과 감정을 나누고, 공감하는 능력을 키워야 합니다. 다른 아이와 비교하지 않고, 각자의 개성을 존중해야 합니다. 봉사활동을 통해 타인을 돕고, 공동체 의식을 함양할 수도 있습니다.

우리는 경쟁 사회에서 벗어나 협력 사회로 나아가야 합니다. 이를 위해서는 개인의 인식 변화가 필요합니다. 경쟁보다는 협력, 개인보다는 공동체를 중시하는 사회를 만들기 위해 우리 모두 노력해야 하지 않을까요?

# 소프트 스킬의 중요성

변화하는 세상에서 우리 아이들에게 필요한 것은 무엇일까요? 인공지능이 빠르게 발전하며 많은 직업들이 자동화되고 있습니다. 이러한 변화 속에서 우리는 단순히 지식이나 기술을 암기하는 것만으로는 살아남기 어려운 시대에 살고 있습니다.

하드 스킬과 소프트 스킬, 무엇이 더 중요할까요? 하드 스킬이란 생산, 마케팅, 재무, 회계 등 구체적인 기술이나 지식을 의미합니다. 이러한 하드 스킬은 기계가 빠르게 학습하고 능숙하게 수행할 수 있는 영역입니다. 소프트 스킬이란 의사소통 능력, 리더십, 팀워크, 문제 해결 능력, 창의성 등 사람만이 가질 수 있는 능력을 의미합니다. 이러한 소프트 스킬은 인공지능이 쉽게 모방하기 어려운 영역입니다.

왜 소프트 스킬이 중요할까요? 인공지능이 점점 더 발전하면서, 단순 반복적인 업무는 기계에 맡기고 사람은 창의적이고 복잡한 문제 해결에 집중해야 합니다. 이를 위해서는 뛰어난 소프트 스킬이 필수적입니다.

다양한 사람들과 함께 일하며 문제를 해결하고 새로운 가치를 창출하는 협업 능력, 새로운 아이디어를 내고, 기존의 방식에서 벗어나 문제를 해결하는 창의성, 다른 사람들을 이끌고 목표를 달성하는 리더십, 자신의 생각과 감정을 명확하게 표현하고, 다른 사람의 의견을 경청하는 의사소통 능력 말입니다.

남아프리카의 전통 철학인 우분투는 '네가 있기에 내가 있다'는 의미를 담고 있습니다. 즉, 개인의 행복은 공동체의 행복과 연결되어 있으며, 서로 협력하고 존중하는 것이 중요하다는 것을 강조합니다. 우분투 정신은 곧 소프트 스킬의 핵심 가치와 일맥상통합니다.

미래 사회는 인공지능과 함께 살아가는 사회가 될 것입니다. 이러한 변화에 적응하기 위해서는 우리는 다양한 경험을 통해 소프트 스킬을 키우고, 끊임없이 배우고 성장해야 합니다. 인문학적 소양을 기르면 다른 사람을 이해하고 공감하는 능력을 키울 수 있습니다.

인공지능 시대에는 하드 스킬보다 소프트 스킬이 더욱 중요해질 것입니다. 우분투 정신처럼, 서로 협력하고 존중하며 함께 성장하는 사회를 만들어나가야 합니다.

# 꽃은 다른 꽃을
# 부러워하지 않는다

꽃은 저마다 다른 모습과 색깔로 피어납니다. 탐스러운 장미는 햇살 아래 화려하게 피어나고, 수줍은 듯 고개를 숙인 백합은 은은한 향기를 퍼뜨립니다. 하지만 어떤 꽃도 다른 꽃을 부러워하지 않습니다. 꽃들은 저마다 다른 개성을 가지고 피어나기 때문입니다.

하지만 인간은 어떤가요? 우리는 종종 다른 사람과 자신을 비교하며 불행을 느낍니다. 더 예쁜 얼굴, 더 좋은 성적, 더 많은 돈을 가진 사람들을 보며 스스로를 작게 만듭니다. 왜 우리는 이렇게 남과 비교하며 괴로워하는 걸까요?

인간은 사회적 동물이기 때문에 다른 사람과의 관계 속에서 자신을 정의하려는 본능적인 욕구를 가지고 있습니다. 하지만 이러한 비교는 종종 우리를 불행하게 만듭니다. 왜냐하면 누구나 완벽할 수 없고, 남보다 더 나은 사람이 되려는 욕심은 끝이 없기 때문입니다.

특히 아이들은 주변의 시선에 민감하고, 또래와의 비교를 통해 자신을 평가하려는 경향이 있습니다. "OO이는 벌써 덧셈을 다 하는데, 너는 왜 이렇게 느리니?"라는 부모의 한 마디는 아이의 자존감에 큰 상처를 줄 수 있습니다.

아이는 저마다 고유한 성장 속도와 개성을 가지고 있습니다. 남들과 비교하며 아이를 재촉하거나 평가하는 것은 아이의 성장을 방해하고, 자신감을 잃게 만들 수 있습니다.

"나는 나이고, 너는 너일 뿐이다"라는 말처럼, 모든 아이는 독특한 존재입니다. 마치 꽃이 저마다 다른 모습으로 피어나듯이, 아이들도 각자의 개성을 가지고 성장해야 합니다. 우리는 아이들이 자신만의 꽃을 피울 수 있도록 격려하고 지지해야 합니다.

비교에서 벗어나 행복을 찾기 위해서는 남과 비교하기보다 자신의 강점에 집중하고, 그것을 발전시키는 데 노력해야 합니다. 스스로를 긍정적으로 바라보고, 작은 성장에도 기뻐하며 자존감을 높여야 합니다. 모든 사람은 다르다는 것을 인정하고, 다른 사람의 개성을 존중해야 합니다. 남과 비교하기보다 어제의 나보다 나아지기 위해 노력해야 합니다.

꽃은 저마다 다른 아름다움을 가지고 있는 것처럼 우리도 모두 다른 개성을 가진 소중한 존재입니다. 남과 비교하며 스스로를 괴롭히지 말고, 자신만의 꽃을 피우기 위해 노력해야 합니다. 아이들에게도 마찬가지입니다. 아이들이 자신만의 빛깔로 세상을 아름답게 물들일 수 있도록 격려하고 지지해주는 것이 어른들의 역할입니다.

# MBTI(성격유형지표) 중 생활 양식의 차이

| 특징 | J형 (판단형) | P형 (인식형) |
|---|---|---|
| 생활 방식 | 말하는 것을 좋아하고, 감정을 직접적으로 표현한다. | 유연하고 융통적 |
| 의사 결정 | 빠르고 확실한 결정 | 정보 수집 후 신중한 결정 |
| 시간 관리 | 마감 시간을 준수하고 미리 준비 | 마감 직전에 집중 |
| 환경 | 조직적이고 구조화된 환경 선호 | 유동적이고 자유로운 환경 선호 |
| 강점 | 효율성, 신뢰성, 꼼꼼함 | 창의성, 유연성, 개방성 |
| 약점 | 경직성, 완벽주의, 변화에 대한 저항 | 결정 유보, 미루는 경향 |

　J형(판단형)은 모든 일에 계획을 세우고, 그 계획대로 실행하는 것을 좋아합니다. 체계적인 것을 좋아하며, 정리정돈이 잘 되어 있는 환경을 선호합니다. 마감 시간을 엄수하고, 미리 준비하는 것을 중요하게 생각합니다. 빠르고 확실한 결정을 내리는 것을 선호합니다.

　P형(인식형)은 상황에 따라 유연하게 대처하고, 새로운 정보에 개방적입니다. 새로운 아이디어를 내고, 다양한 가능성을 탐색하는 것을 즐깁니다. 스스로 일을 만들어내고, 새로운 경험을 추구

합니다. 다양한 사람들과의 교류를 즐기고, 새로운 것에 대한 호기심이 많습니다.

J형과 P형은 각각 고유의 장점과 단점을 가지고 있으며, 어떤 유형이 더 좋다고 단정할 수 없습니다. 중요한 것은 자신의 성격 유형을 이해하고, 강점을 살리고 약점을 보완하는 것입니다.

J형과 P형은 서로 다른 가치관과 생활 방식을 가지고 있기 때문에, 서로를 이해하고 존중하는 것이 중요합니다. J형은 P형의 유연성과 창의성을 배우고, P형은 J형의 계획성과 꼼꼼함을 배우면서 서로에게 좋은 영향을 줄 수 있습니다.

———————— 05 ————————

# 스펙은 힘을 잃어가고
# 살아갈 삶은 길다

부모들은 대부분 자녀가 성공적인 삶을 살기를 바랍니다. 그래서 좋은 대학에 진학하고, 안정적인 직업을 얻어 행복하게 살기를 기대합니다. 이러한 바람은 너무나 당연하지만, 과연 우리 아이들이 진정으로 행복하기 위해 필요한 것은 무엇일까요?

오늘날 많은 아이들은 높은 성적을 얻기 위해 과도한 학습 부담을 안고 있습니다. 새벽부터 밤늦게까지 쉴 틈 없이 공부하며 지쳐 있습니다. 하지만 과연 이러한 방식의 교육이 아이들의 미래를 보장할 수 있을까요?

과도한 학습 부담은 아이들의 목표 의식을 상실시킵니다. 아이들은 단순히 좋은 대학에 가기 위해 공부하는 이유를 명확히 인지하지 못하고, 공부 자체에 대한 흥미를 잃어버릴 수 있습니다. 과도한 학습은 아이들에게 심각한 스트레스를 유발하고, 정신 건강을 해칠 수 있습니다. 다양한 경험을 통해 성장해야 할 시기에 학습에만 매몰되어 자신의 잠재력을 제대로 발휘하지 못할 수 있습니다.

다행히도 우리 사회는 점차 변화하고 있습니다. 과거에는 스펙이 모든 것을 결정했지만, 이제는 개인의 역량과 잠재력을 더욱 중요하게 생각하는 사회로 변화하고 있습니다. 고등학교 교육 과정이 학생 중심으로 개편되면서, 학생들은 자신의 진로에 맞는 과목을 선택하고 학습할 수 있게 되었습니다. 대학들은 성적뿐만 아니라 다양한 활동과 경험을 통해 자신의 역량을 입증한 학생들을 선호합니다. 기업들은 스펙 중심의 채용에서 벗어나 직무 수행 능력을 갖춘 인재를 선발하는 추세입니다.

자녀의 미래를 위해 부모는 아이의 흥미와 적성을 파악하고, 이를 바탕으로 진로를 함께 고민해야 합니다. 학습뿐만 아니라 다양한 경험을 통해 아이의 잠재력을 키워주어야 합니다. 아이 스스로 학습 계획을 세우고 목표를 달성할 수 있도록 지도해야 합니다. 아이의 노력을 칭찬하고, 격려하여 자신감을 심어주어야 합니다.

성적만이 전부는 아닙니다. 아이들은 저마다 고유한 재능과 잠재력을 가지고 있습니다. 성적이 아이의 모든 것을 나타내는 척도는 아니며, 아이의 잠재력은 다양한 방식으로 발현될 수 있습니다. 단순히 좋은 대학에 보내는 것만이 목표가 아니라, 아이가 진정으로 원하는 삶을 살 수 있도록 돕는 것이 진정한 부모의 역할입니다. 부모는 아이들이 자신의 꿈을 찾고, 행복한 삶을 살 수 있도록 돕는 조력자의 역할을 해야 합니다. 아이의 행복은 부모의 손에 달려 있습니다.

# 아이의 미래를 위한 진정한 길 찾기

왜 아이들은 방향을 잃을까요? 우리 아이들은 끊임없이 미래에 대한 고민을 합니다. 하지만 많은 아이들이 자신의 꿈을 구체적으로 설정하지 못하고 방황하는 모습을 보입니다. 왜 그릴까요? 부모의 기대와 사회적 압력 때문일 수도 있습니다. 부모들은 자녀들이 안정적인 직업을 얻고 성공적인 삶을 살기를 바라지만, 이러한 기대가 자녀들에게는 과도한 부담으로 작용할 수 있습니다. 입시 위주의 교육 시스템은 학생들에게 다양한 경험을 할 기회를 제한하고, 획일적인 목표를 강요할 수 있습니다. 다양한 정보 속에서 자신에게 맞는 길을 찾기 어려워하고, 선택의 폭이 넓어질수록 오히려 결정을 망설이는 경우가 많습니다.

미국의 한 통계조사에 따르면, 자신의 미래를 구체적으로 계획하고 기록하는 사람들은 그렇지 않은 사람들보다 훨씬 더 성공적인 삶을 살고 있다는 결과가 나왔습니다. 즉, 목표 설정은 단순히 성공을 위한 수단이 아니라, 삶의 방향을 제시하고 행복을 위한 필수적인 요소입니다.

하지만 많은 아이들이 목표 설정의 중요성을 간과하고, 단순히 좋은 대학에 진학하는 것을 인생의 최종 목표로 삼는 경우가 많습니다. 하버드대학교에서 한인 청소년들의 자존감을 연구한 조지핀 킴(Josephine M. Kim) 교수는 "하버드 입학을 인생 최대의 목표로 달려온 아이들이 목표를 상실하고, 주변의 뛰어난 수재들과의 경쟁에서 자존감이 위축된다"라고 지적한 바 있습니다.

진정한 행복을 위해서, 아이들의 미래를 위한 가장 중요한 것은 높은 성적이 아니라, 스스로의 꿈을 찾고 그 꿈을 향해 나아가는 것입니다. 부모는 아이들이 자신의 잠재력을 최대한 발휘할 수 있도록 돕는 조력자의 역할을 해야 합니다.

# 06

# 지혜가
# 필요한 세상

우리 교육 시스템은 오랜 기간 동안 지식 습득에 초점을 맞춰
왔습니다. 교과서에 담긴 정보를 얼마나 정확하게 암기하고 문제
를 해결하느냐가 학생들의 능력을 평가하는 주요 기준이었습니
다. 하지만 이러한 방식의 교육은 과연 우리 아이들에게 필요한
모든 것을 제공하고 있을까요?

지식과 지혜, 무엇이 다를까요? 지식은 사실에 대한 이해를 의
미합니다. 교과서에서 배우는 내용이나 인터넷에서 찾을 수 있는
정보들이 모두 지식에 해당합니다. 반면, 지혜는 지식을 바탕으
로 문제를 해결하고 현명한 판단을 내리는 능력을 의미합니다.

| 구분 | 지식 | 지혜 |
|---|---|---|
| 정의 | 사실에 대한 이해 | 지식을 바탕으로<br>문제 해결 및 현명한 판단 |
| 습득 방법 | 책, 강의 등을 통한 학습 | 경험, 사고, 반성을 통한 습득 |
| 중요성 | 기본적인 토대 제공 | 실생활 적용 및 문제 해결 능력 부여 |

많은 사람들이 지식과 지혜를 혼동하곤 합니다. 지식이 많다고 해서 반드시 지혜로운 것은 아닙니다. 오히려 지식이 많을수록 자신만의 생각을 하지 않고 남의 의견에 의존하려는 경향이 생길 수도 있습니다.

진정한 교육은 단순히 지식을 전달하는 것이 아니라, 학생들이 스스로 생각하고 판단하며 문제를 해결할 수 있는 능력을 키우는 것입니다. 유대인의 교육 철학은 이러한 점에서 시사하는 바가 큽니다. 유대인들은 지식보다 지혜를 더 중요하게 생각하며, 아이들에게 학문을 배우는 방법을 가르치는 것을 교육의 목표로 삼습니다.

유대인들은 어릴 때부터 토론과 질문을 통해 비판적 사고력을 키웁니다. 성경을 비롯한 다양한 텍스트를 해석하고 분석하는 과정을 통해 문제 해결 능력을 향상시킵니다. 학습 내용을 실생활에 적용하여 문제 해결 능력을 키웁니다.

우리 아이들이 미래 사회에서 성공적으로 살아남기 위해서는 지식뿐만 아니라 지혜를 갖추는 것이 중요합니다. 책을 읽고 공부하는 것뿐만 아니라, 다양한 경험을 통해 세상을 배우도록 해야 합니다. 스스로 학습 계획을 세우고 목표를 달성할 수 있도록 지도해야 합니다. 모든 정보를 비판적으로 분석하고, 자신의 생각을 논리적으로 표현할 수 있도록 도와야 합니다. 다른 사람들과 소통하고 협력하며 문제를 해결하는 능력을 길러야 합니다.

지식은 중요하지만, 지혜는 그것을 뛰어넘는 가치를 지닙니다. 우리는 아이들에게 단순히 지식을 전달하는 것을 넘어, 스스로 생각하고 판단하며 세상을 살아갈 수 있는 지혜를 가르쳐야 합니다.

# 시카고 대학의 성공적인 고전 교육

빠르게 변화하는 현대 사회에서 우리는 단편적인 지식을 넘어 깊이 있는 사고력과 문제 해결 능력을 요구받고 있습니다. 이러한 능력을 키우기 위해 고전을 읽는 것은 매우 효과적인 방법입니다. 고전은 시대를 초월하여 인간의 보편적인 가치와 지혜를 담고 있기 때문에, 현대를 살아가는 우리에게도 여전히 많은 것을 가르쳐줄 수 있습니다.

미국의 시카고 대학은 고전 교육의 중요성을 일찍이 깨닫고, '시카고 플랜'이라는 교육 개혁을 통해 학생들에게 고전 100권 읽기를 의무화했습니다. 그 결과, 시카고 대학은 세계적인 명문 대학으로 발돋움했고, 수많은 노벨상 수상자를 배출하는 저력을 보여주었습니다.

시카고 플랜은 단순히 책을 많이 읽는 것을 목표로 한 것이 아니라, 고전 속에 담긴 지혜를 통해 학생들의 사고력과 문제 해결 능력을 키우는 데 중점을 두었습니다. 고전을 통해 학생들은 인류 역사 속 위대한 사상가들과 소통하고, 다양한 관점에서 세상을 바라보는 능력을 길렀습니다.

이를 '고전이 주는 선물'이라고 표현하고 싶습니다. 고전은 복잡하고 추상적인 개념들을 다루기 때문에, 끊임없이 생각하고 분석하는 능력을 길러줍니다. 고전 속 인물들이 겪었던 다양한 문제 상황을 통해 문제 해결 능력을 향상시킬 수 있습니다. 고전을 통해 인문학적 소양을 함양하고, 세상을 더 넓은 시각으로 바라볼 수 있습니다. 고전 속 인물들의 삶을 통해 삶의 의미를 찾고, 자신을 성찰하는 기회를 얻을 수 있습니다.

왜 고전을 읽어야 할까요? 고전은 시대를 초월하여 인간의 보편적인 가치와 지혜를 담고 있습니다. 고전을 통해 다양한 사람들의 생각과 가치관을 접하고, 자신의 생각을 확장할 수 있습니다. 고전은 복잡하고 추상적인 개념들을 다루기 때문에, 깊이 있는 사고력을 길러줍니다. 다양한 문화권의 고전을 접함으로써 문화적 소양을 높일 수 있습니다.

어떤 고전을 읽어야 할까요? 고전은 시대, 지역, 장르를 불문하고 다양합니다. 자신이 좋아하는 분야나 관심사에 맞춰 고전을 선택하는 것이 좋습니다. 예를 들어, 역사에 관심이 있다면 역사서를, 철학에 관심이 있다면 철학서를 읽는 것이 좋습니다. 흥미와 호기심을 기르기 위해 세계문학 시리즈부터 읽는 것도 추천합니다.

고전은 단순한 지식의 보고가 아니라, 삶의 지혜를 얻을 수 있는 소중한 자산입니다. 고전을 통해 우리는 인생의 의미를 되새기고, 더 나은 삶을 살아갈 수 있는 지혜를 얻을 수 있습니다.

# 안정적인 직업이라는 것이
# 존재하는 세상일까

우리 사회는 여전히 안정적인 직업을 최고의 가치로 여깁니다. 부모들은 자녀들이 안정적인 직업을 얻어 행복하게 살기를 바라며, 학생들은 안정적인 미래를 위해 공부합니다. 하지만 과연 안정적인 직업이 모든 사람에게 행복을 보장할 수 있을까요?

안정적인 직업을 얻기 위한 경쟁은 매우 치열합니다. 공무원시험, 사법시험 등은 높은 경쟁률을 자랑하며, 많은 사람들이 몇년, 몇십 년 동안 이 시험에 매달리고 있습니다. 안정적인 직업은 변화에 취약합니다. 4차 산업혁명 시대에는 기술 발전이 빠르게 이루어지고, 직업 세계가 급격하게 변화하고 있습니다. 한때 안정적인 직업으로 여겨졌던 직업도 사라질 수 있습니다.

3부 누구나 자신이 생각하는 것보다 많은 것을 가지고 있다

안정적인 직업을 찾는 것은 중요하지만, 그것이 인생의 전부는 아닙니다. 진정한 행복을 위해서는 자신이 좋아하는 일을 찾아 열정적으로 일하는 것이 더 중요합니다. 아이가 잘하는 일과 좋아하는 일을 찾아보세요. 다양한 분야의 일을 경험해보고, 자신에게 맞는 직업을 찾으세요. 변화하는 시대에 발맞춰 끊임없이 배우고 성장해야 합니다. 일과 삶의 균형을 이루는 것이 중요하고, 사회에 기여하며 의미 있는 삶을 살아가는 것이 중요합니다.

미래 사회는 불확실성이 높고 변화가 빠르게 일어날 것입니다. 이러한 변화에 대비하기 위해서는 다음과 같은 준비가 필요합니다. 디지털 역량을 강화하고, 새로운 문제를 해결하고 혁신적인 아이디어를 창출할 수 있는 능력을 키워야 합니다. 다양한 사람들과 원활하게 소통하고 협력할 수 있는 능력을 길러야 합니다. 글로벌 시대에 맞춰 외국어 능력을 향상시키고, 다문화 사회에 대한 이해를 높여야 합니다.

안정적인 직업은 중요하지만, 그것이 인생의 전부는 아닙니다. 자신이 좋아하는 일을 찾아 열정적으로 살아가는 것이 더 중요합니다. 미래 사회는 불확실성이 높지만, 끊임없이 배우고 성장하는 사람들에게는 더 많은 기회가 열려 있을 것입니다.

# 직업 만족도, 돈이 전부는 아니다

우리는 흔히 높은 연봉과 사회적 지위를 가진 직업이 가장 만족스러울 것이라고 생각합니다. 하지만 실제로 직업 만족도는 단순히 돈이나 사회적 지위와는 다른 요소들에 의해 결정됩니다.

한국고용정보원의 조사 결과는 이러한 통념을 뒤집었습니다. 2만 6천여 명의 직업인을 대상으로 사회적 기여도, 직무 만족도, 시간적 여유 등을 종합적으로 고려한 조사 결과, 초등학교 교장이 가장 높은 직업 만족도를 보였습니다. 뒤를 이어 성우, 상담전문가, 신부, 작곡가 등이 높은 만족도를 나타냈습니다. 반면 의사, 변호사, 판사와 같은 고소득 전문직의 만족도는 예상보다 낮게 나타났습니다.

돈이 전부는 아닙니다. 높은 연봉과 사회적 지위는 직업 만족도에 중요한 요소이지만, 전부는 아닙니다. 직무 자체에 대한 만족감, 사회에 기여한다는 느낌, 그리고 충분한 휴식 시간 등 다양한 요소들이 직업 만족도에 영향을 미칩니다.

자신의 일에 대한 소명 의식을 가지고 있는 사람들은 더 높은 직업 만족도를 느낍니다. 다른 사람을 돕거나 사회에 기여한다는 느낌은 큰 보람을 가져다줍니다.

일과 삶의 균형 역시 직업 만족도에 매우 중요한 요소입니다. 충분한 휴식과 여가 시간을 통해 스트레스를 해소하고, 삶의 질을 높일 수 있습니다.

그렇다면 높은 직업 만족도를 얻기 위해서는 어떻게 해야 할까요? 자신의 가치관과 강점을 파악: 자신이 무엇을 중요하게 생각하고, 어떤 일을 잘하는지 파악하는 것이 중요합니다.

직업 만족도는 단순히 돈이나 사회직 지위로만 결정되는 것이 아닙니다. 자신이 좋아하는 일을 하면서 사회에 기여하고, 삶의 균형을 이룰 때 진정한 행복을 느낄 수 있습니다. 우리는 더 이상 남들이 부러워하는 직업을 쫓기보다는, 자신에게 맞는 직업을 찾아 행복한 삶을 살아가야 합니다.

# 실행력이 없으면
# 모든 것은 물거품이 된다

실행력이란 무엇일까요? 단순히 생각을 행동으로 옮기는 것을 넘어, 계획한 일을 끝까지 해내는 끈기와 의지를 그릿(grit), 끝까지 하는 힘이라고 합니다. 실행력은 성공적인 삶을 위한 필수적인 요소입니다.

왜 실행력이 중요할까요? 아무리 좋은 아이디어나 계획을 가지고 있다 하더라도, 그것을 실천하지 않으면 아무런 의미가 없습니다. 실행력이 강한 사람들은 자신의 목표를 향해 꾸준히 나아가며, 결국 성공을 이루는 경우가 많습니다.

실행력을 높이기 위해서는 의지를 강화해야 합니다. 구체적이고 측정 가능한 목표를 설정하고, 목표 달성 시 얻을 수 있는 이점을 명확히 인지하고, 스스로에게 동기를 부여해야 합니다. 자신을 믿고 격려하는 긍정적인 자기 대화를 통해 자신감을 높여야 합니다.

좋은 습관 만들어서 작은 목표부터 시작하여 성공 경험을 쌓아 자신감을 키워야 합니다. 매일 조금씩이라도 꾸준히 실천하는 것이 중요합니다. 목표 달성을 위한 환경을 조성하고, 방해 요소를 최소화해야 합니다.

실패를 두려워하지 않아야 합니다. 실패는 성공의 어머니입니다. 실패를 통해 배우고 성장할 수 있다는 것을 기억해야 합니다. 실패를 하더라도, 극복하고 다시 도전할 수 있는 긍정적인 마음가짐을 가져야 합니다.

아이들의 실행력을 키우는 방법도 마찬가지입니다. 아이의 흥미를 찾아주세요. 아이가 좋아하는 일을 통해 작은 성공 경험을 쌓게 해주세요. 구체적인 목표를 함께 설정하세요. 아이와 함께 목표를 설정하고, 목표 달성 과정을 함께 점검해주세요. 칭찬과 격려를 아끼지 마세요. 아이의 작은 노력에도 칭찬과 격려를 해주어 자신감을 심어주세요. 실패를 두려워하지 않도록 가르치세요. 실패는 자연스러운 과정이며, 이를 통해 더 많이 배우고 성장할 수 있다는 것을 알려주세요.

## 실행력을 높이는 데 도움이 되는 습관

매일 아침 계획 세우기: 하루를 계획하고, 목표를 달성하기 위한 구체적인 행동 계획을 세우는 습관을 들이세요.

시간 관리: 시간을 효율적으로 활용하기 위해 시간표를 만들고, 시간 관리 앱을 활용하는 것도 좋은 방법입니다.

집중력 향상: 방해 요소를 제거하고, 한 가지 일에 집중하는 습관을 길러야 합니다.

규칙적인 운동: 규칙적인 운동은 집중력을 높이고, 스트레스를 해소하는 데 도움이 됩니다.

충분한 수면: 충분한 수면은 학습 능력과 집중력을 향상시키는 데 중요합니다.


실행력은 성공적인 삶을 위한 필수적인 요소입니다. 우리는 누구나 실행력을 키울 수 있습니다. 작은 목표부터 시작하여 꾸준히 노력하고, 긍정적인 마음을 유지한다면, 우리는 원하는 것을 이룰 수 있을 것입니다.

## 세상을 사랑하는 마음

**학부모 질문** 아이가 친구들과 경쟁을 피할 수 없어 고민입니다. 경쟁에서 뒤처지면 힘들어하는 아이를 보며 어떻게 해야 할지 모르겠습니다. 경쟁적인 사회에서 아이를 어떻게 키워야 할까요?

아이가 친구들과의 경쟁에서 힘들어하는 모습을 보니 마음이 아프시겠네요. 많은 부모님들이 비슷한 고민을 하고 계십니다. 경쟁 사회에서 아이를 키우는 것은 쉽지 않지만, 꼭 경쟁에만 집중할 필요는 없습니다. 고 소설가 이외수 씨의 이야기처럼, 아이에게 경쟁보다는 세상을 사랑하는 마음을 심어주는 것이 더 중요합니다.

왜 경쟁적인 사회에서 아이를 키우는 것이 어려울까요? 우리나라 교육 시스템은 여전히 경쟁을 강조하고 있으며, 학생들을 서로 비교하며 평가하는 경향이 있습니다. 대학 입시를 위한 경쟁이 심화되면서, 학생들은 어릴 때부터 입시에 맞춰 공부해야 한다는 부담감을 느끼고 있습니다. 우리 사회는 여전히 성공을 경쟁으로 정의하고, 높은 성적과 좋은 직업을 얻는 것을 최고의 가치로 여기는 경향이 있습니다.

그렇다면 아이를 어떻게 키워야 할까요? 아이에게 경쟁보다는 협력의 중요성을 가르치고, 친구들과 함께 성장할 수 있도록 도와주세요. 다양한 경험을 통해 아이의 잠재력을 키우고, 자신만의 강점을 발견할 수 있도록 지원해주세요. 모든 아이는 저마다 다른 개성과 재능을 가지고 있습니다. 아이의 개성을 존중하고, 자신만의 길을 찾도록 도와주세요. 아이가 스스로를 긍정적으로 생각하고, 자신감을 가질 수 있도록 격려해주세요. 미래에는 다양한 직업이 생겨나고, 지금과는 전혀 다른 사회가 될 것입니다. 아이에게 넓은 시야를 가질 수 있도록 도와주세요.

## 부모님이 할 수 있는 구체적인 방법

아이와 함께 책을 읽고, 이야기를 나누세요. 책을 통해 다양한 세상을 경험하고, 생각을 넓힐 수 있도록 도와주세요. 아이의 취미 활동을 지원하세요. 아이가 좋아하는 활동을 하면서 자신감을 키울 수 있도록 지원해주세요. 자녀와 함께 시간을 보내세요. 아이와 함께 시간을 보내면서 유대감을 형성하고, 서로를 이해할 수 있도록 노력하세요. 다른 사람들과의 관계를 중요하게 생각하도록 가르치세요. 친구들과의 관계뿐만 아니라, 가족, 이웃 등 다양한 사람들과의 관계를 중요하게 생각하도록 가르치세요.

부모님의 사랑과 관심으로 아이는 건강하게 성장할 수 있습니다. 경쟁적인 사회에서 살아가는 아이들에게 가장 필요한 것은 따뜻한 격려와 지지입니다. 아이의 잠재력을 믿고, 긍정적인 미래를 함께 만들어나가시길 바랍니다.

## 자존심과 자존감

학부모 질문 아이가 자존심이 세다는 소리를 자주 듣는데, 이것이 아이에게 어떤 영향을 미칠까 걱정됩니다. 자존심과 자존감은 어떤 차이가 있고, 아이에게 어떤 영향을 줄까요?

아이가 자존심이 세다는 이야기를 자주 듣는다면 부모님께서 걱정이 많으실 겁니다. 자존심이 강한 아이는 주변 사람들과의 관계에서 어려움을 겪을 수 있고, 자존감에도 영향을 미칠 수 있기 때문이죠.

### 자존심과 자존감, 무엇이 다를까요?

자존심은 다른 사람과 비교하며 나를 더 높이 평가하려는 마음입니다. 외부적인 요인에 의해 좌우되어 타인의 평가나 비난에 민감하게 반응하고, 상처받기 쉽습니다. 항상 다른 사람보다 우위에 서려고 노력하며, 경쟁적인 태도를 보입니다. 자존심이 상하면 화를 내거나 좌절감을 느끼기 쉽고, 관계를 망칠 수 있습니다.

자존감은 스스로를 소중하게 생각하고, 자신의 가치를 인정하는 마음입니다. 내적인 안정감이 있어 외부적인 평가에 흔들리지 않고, 스스로를 믿으며 살아갈 수 있습니다. 다른 사람을 존중하고, 협력적인 관계를 형성할 수 있습니다. 자신감 있고, 긍정적인 태도로 살아갈 수 있습니다.

### 왜 자존감을 키워야 할까요?

자존감이 높은 아이는 스스로를 믿고, 어떤 어려움에도 긍정적으로 대처할 수 있습니다. 또한, 다른 사람들과의 관계도 원만하게 유지하며 행복한 삶을 살아갈 수 있습니다. 반면, 자존심이 강한 아이는 자주 상처받고, 다른 사람과의 관계에서 어려움을 겪으며, 낮은 자존감으로 인해 고통받을 수 있습니다.

**아이의 자존감을 높이기 위한 부모의 노력**

**비교하지 않기:** 아이를 다른 아이와 비교하지 않고, 아이의 개성과 강점을 인정해주세요.

**칭찬과 격려:** 아이의 작은 노력에도 칭찬과 격려를 아끼지 마세요.

**독립심을 길러주세요:** 스스로 문제를 해결하고 책임감을 가질 수 있도록 기회를 제공해주세요.

**긍정적인 대화:** 아이와 긍정적인 대화를 통해 자존감을 높여주세요.

**실패를 두려워하지 않도록 가르치세요:** 실패는 성장을 위한 과정임을 알려주고, 용기를 북돋아주세요.


아이의 자존심을 낮추고 자존감을 높이기 위해서는 부모의 노력이 필요합니다. 아이의 개성을 존중하고 긍정적인 분위기를 조성하여 아이가 스스로를 사랑하고 존중할 수 있도록 도와주세요.

## 누구나 자신이 생각하는 것보다 많은 것을 갖고 있다

**학부모 질문** 아이가 자신감이 부족하고, 잘하는 것이 없다고 생각해서 걱정입니다. 아이의 자신감을 높이고, 숨겨진 재능을 찾아주기 위해 어떤 노력을 해야 할까요?

아이가 자신의 능력을 믿지 못하고, 자신감이 부족하다는 것은 부모 입장에서 안타까운 일이죠. 하지만 걱정 마세요. 모든 아이들은 저마다 숨겨진 재능과 가능성을 가지고 있습니다. 아이의 숨겨진 능력을 찾아주고, 자신감을 키워주는 것은 부모의 사랑과 노력으로 충분히 가능합니다.

### 아이의 자신감을 키우기 위한 방법

아이가 좋아하고 잘하는 일을 찾아 칭찬하고 격려해주세요. 작은 성공 경험이 아이의 자신감을 키우는 데 큰 도움이 됩니다. 다양한 활동과 경험을 통해 아이의 잠재력을 발견할 수 있도록 도와주세요. 미술, 음악, 스포츠 등 아이가 흥미를 느끼는 분야를 함께 탐색해보세요.

아이를 다른 아이와 비교하지 말고, 아이 스스로의 성장에 집중하세요. 아이는 자신만의 속도로 성장하며, 다른 아이와 비교하는 것은 오히려 아이의 자신감을 떨어뜨릴 수 있습니다. 실패를 두려워하지 않도록 가르쳐야 합니다. 실패는 성공을 위한 과정입니다. 아이가 실패하더라도 괜찮다고 격려하고, 다음 기회에는 더 잘할 수 있다는 긍정적인 메시지를 전달해주세요.

아이의 노력과 성과를 칭찬하고 격려해주세요. 구체적인 칭찬은 아이의 자존감을 높이는 데 큰 도움이 됩니다.

부모의 역할 모델링도 중요합니다. 부모가 긍정적인 태도로 살아가는 모습을 보여주세요. 부모의 모습은 아이에게 큰 영향을 미치기 때문에, 부모가 자신감 있고 긍정적인 모습을 보여주는 것이 중요합니다.

모든 사람에게는 숨겨진 재능이 있습니다. 우리는 누구나 자신만의 고유한 재능을 가지고 있습니다. 중요한 것은 그 재능을 찾아서 키워나가는 것입니다. 작은 계기가 큰 변화를 가져올 수 있습니다. 우연한 기회를 통해 새로운 가능성을 발견할 수 있습니다. 아이에게 다양한 경험을 제공하여 새로운 꿈을 키울 수 있도록 도와주세요. 부모는 아이의 가장 큰 지지자이자 조력자입니다. 아이의 가능성을 믿고 꾸준히 응원해주세요.

아이가 자신감을 잃고, 자신의 가치를 낮게 평가하는 것은 성장의 자연스러운 과정일 수 있습니다. 중요한 것은 부모가 아이의 곁에서 끊임없이 지지하고 격려하며, 아이 스스로의 힘으로 성장할 수 있도록 도와주는 것입니다.

## 꿈이 사라지면 또 다른 꿈을 꾸면 된다

**학부모 질문** 아이가 진로를 정하고 열심히 준비하는 모습이 보기 좋지만, 만약 나중에 진로가 바뀌면 어떻게 해야 할지 걱정됩니다. 이전의 노력이 헛수고가 되는 것은 아닐까요?

아이의 진로에 대해 고민하시는 부모님들의 마음이 충분히 이해됩니다. 아이가 열심히 준비한 만큼 원하는 결과를 얻기를 바라는 마음이 크기 때문이죠. 하지만 아이의 진로는 늘 변할 수 있습니다.

왜 진로는 자주 바뀔 수 있을까요?

성장하면서 가치관이 변하기 때문입니다. 아이는 성장하면서 다양한 경험을 하고 가치관이 변화합니다. 자연스럽게 진로에 대한 생각도 바뀔 수 있습니다.

세상이 빠르게 변하기 때문입니다. 사회는 빠르게 변화하고 새로운 직업과 기술이 등장합니다. 따라서 아이가 선택한 진로가 미래에도 유효할 것이라고 단정할 수 없습니다.

자신을 더 잘 알게 되기 때문입니다. 아이는 다양한 활동을 하면서 자신이 무엇을 좋아하고 잘하는지 점차 알아가게 됩니다. 이 과정에서 진로에 대한 생각이 바뀔 수 있습니다.

**진로가 바뀌는 것은 실패가 아니라 성장의 과정입니다.** 많은 사람들이 인생의 여러 단계에서 진로를 바꿉니다. 진로가 바뀌었다고 해서 이전의 노력이 헛된 것은 아닙니다. 모든 경험은 새로운 시작을 위한 발판이 됩니다. 다양한 경험은 자산이 됩니다. 이전에 했던 활동들은 아이의 경험을 풍부하게 만들고, 새로운 진로를 선택하는 데 도움을 줄 수 있습니다. 진로를 바꾸는 과정에서 아이는 어려움을 극복하고 문제 해결 능력을 키울 수 있고, 유연한 사고를 길러줍니다. 변화하는 환경에 적응하고 새로운 기회를 찾는 능력을 길러줍니다.

아이의 노력을 칭찬하고 격려하여 자신감을 심어주세요. 변화를 두려워하지 않도록 가르쳐주세요. 세상은 끊임없이 변화하고, 변화에 유연하게 대처하는 것이 중요하다는 것을 알려주세요. 미래는 예측할 수 없습니다. 미래 사회는 어떻게 변할지 아무도 알 수 없습니다. 따라서 아이에게 하나의 목표만을 강요하기보다는 다양한 경험을 통해 스스로 길을 찾도록 돕는 것이 중요합니다. 아이가 꿈을 꾸고, 그 꿈을 향해 나아가는 과정 자체가 소중한 경험이 될 것입니다.

아이의 진로에 대한 고민은 모든 부모가 겪는 과정입니다. 하지만 아이의 성장을 믿고, 긍정적인 태도로 지지해준다면 아이는 스스로 멋진 미래를 만들어갈 수 있을 것입니다.

## 직업이 사라지는 것보다 일하는 형태가 변한다

**학부모 질문** 인공지능이 발달하면서 많은 직업이 사라질 것이라고 하는데, 아이들의 진로를 어떻게 준비해야 할지 막막합니다. 인공지능 시대에 아이들이 살아남기 위해 어떤 준비를 해야 할까요?

인공지능 시대의 도래는 아이들의 미래에 대한 불안감을 증폭시키고 있습니다. 하지만 인공지능이 모든 직업을 대체하는 것은 아니며, 오히려 새로운 기회를 창출할 수도 있습니다.

## 인공지능 시대에 아이들이 준비해야 할 것들

인공지능은 빠르게 발전하고 있으며, 따라서 아이들은 끊임없이 배우고 새로운 기술을 습득해야 합니다. 코딩, 데이터 분석, 인공지능 등 미래 사회에 필요한 기술을 배울 수도 있습니다. 인공지능은 반복적인 작업을 효율적으로 수행할 수 있지만, 창의적인 문제 해결 능력은 여전히 인간만이 가진 강점입니다. 아이들이 창의적인 아이디어를 내고 문제를 해결하는 능력을 키울 수 있도록 다양한 경험을 제공해주세요.

인공지능 시대에는 혼자 일하기보다는 다른 사람들과 협력하여 문제를 해결하는 능력이 중요합니다. 아이들이 다른 사람들과 원활하게 소통하고 협력할 수 있도록 교육해야 합니다. 인공지능이 생성한 정보를 비판적으로 분석하고, 진실과 거짓을 판단하는 능력을 키워야 합니다. 인공지능 기술을 윤리적으로 사용하는 방법에 대해 배우고, 사회에 기여할 수 있는 인재로 성장하도록 도와주세요.


인공지능 시대에 유망한 직업으로는 인공지능 개발자, 데이터 과학자, 사물인터넷 전문가, 로봇 엔지니어, 콘텐츠 크리에이터, 인간-컴퓨터 상호작용 전문가 등이 꼽힙니다.

인공지능 시대는 우리에게 많은 변화를 가져올 것입니다. 하지만 변화를 두려워하기보다는 새로운 기회를 맞이할 준비를 해야 합니다. 아이들이 자신의 잠재력을 최대한 발휘하고 행복한 삶을 살 수 있도록 부모의 역할이 중요합니다.

무엇보다 중요한 것은 긍정적인 마음가짐을 심어주는 것이 아닐까요? 변화를 두려워하지 않고, 새로운 것에 도전하는 용기를 북돋아주세요.

## 아이의 재능을 끌어내는 교육

**학부모 질문** 기존의 교육 방식으로 아이를 가르치고 있는데, 미래 사회에 맞는 교육 방식인지 궁금합니다. 인공지능 시대에 아이들이 살아남기 위해 어떤 교육을 받아야 할까요?

4차 산업혁명 시대를 맞이하여 교육에 대한 고민이 깊어지고 있습니다. 기존의 주입식 교육 방식이 아이들의 미래를 준비시키기에 충분하지 않다는 우려가 커지고 있죠.

왜 기존의 교육 방식이 한계를 드러내고 있을까요? 획일적인 교육 때문입니다. 모든 학생에게 동일한 교육 내용과 방식을 적용하는 획일적인 교육은 개별 학생의 특성과 잠재력을 고려하지 못합니다. 지식 전달에 초점을 맞추다 보니 창의력, 문제 해결 능력, 협업 능력 등 미래 사회에 필요한 역량을 키우는 데 한계가 있습니다. 학생 스스로 생각하고 판단하는 능력을 키우기보다는 주어진 정보를 외우고 답변하는 것을 요구하기 때문입니다.

미래 사회에 필요한 교육은 어떤 모습이어야 할까요?

개별화된 교육이어야 합니다. 각 학생의 개성과 능력에 맞춰 교육 내용과 방법을 조절해야 합니다. 문제 해결 능력, 비판적 사고 능력, 창의적인 아이디어를 내는 능력을 키우는 교육이 필요합니다. 협력을 통해 문제를 해결하고 함께 성장하는 경험을 제공해야 합니다. 실제 문제 해결 중심 교육이 필요합니다. 실제 사회 문제를 해결하는 프로젝트를 통해 학습 효과를 높이고, 문제 해결 능력을 키워야 합니다.

미래 사회는 끊임없이 변화하고 있으며, 우리는 그 변화에 맞춰 교육 시스템을 개선해야 합니다. 아이들이 미래 사회에서 성공적으로 살아갈 수 있도록, 부모는 아이의 잠재력을 최대한 발휘할 수 있도록 지원해야 합니다. 창의력, 문제 해결 능력, 협업 능력 등 다양한 역량을 키울 수 있도록 돕는 것이 중요합니다.

아이의 교육은 단순히 지식을 전달하는 것을 넘어, 아이 스스로 성장하고 발전할 수 있도록 돕는 과정입니다. 미래 사회에 필요한 역량을 키우기 위해서는 기존의 교육 방식에서 벗어나 새로운 교육 패러다임을 구축해야 합니다.

획일적인 교육 방식에서 벗어나, 아이들의 개별적인 특성과 흥미를 고려한 맞춤형 교육이 필요합니다. 창의적인 사고를 촉진하고, 실제 문제 해결 능력을 키울 수 있는 프로젝트 기반 학습 등 다양한 교육 방법을 도입해야 합니다. 디지털 리러러시 교육을 강화하여 아이들이 미래 사회에서 필요한 디지털 도구를 효과적으로 활용할 수 있도록 지원하는 것도 필요합니다.

## 꿈과 끼를 찾아서

**학부모 질문** 부모의 가장 중요한 역할은 무엇이라고 생각하시나요? 아이가 스스로 살아갈 수 있도록 어떤 준비를 해줘야 할까요?

부모의 역할은 시대가 변하면서 다양한 모습으로 변화하고 있습니다. 하지만 그 중심에는 항상 아이의 성장을 돕고, 스스로 행복한 삶을 살아갈 수 있도록 돕는다는 공통된 목표가 있습니다.
**부모의 가장 중요한 역할은 아이가 자신의 잠재력을 최대한 발**

**휘하고, 스스로 생각하고 판단하며, 행복한 삶을 살아갈 수 있도록 돕는 것입니다.**

아이의 개성과 재능을 발견하고 키워주는 것. 모든 아이는 저마다 고유한 개성과 재능을 가지고 있습니다. 부모는 아이의 강점을 발견하고, 그 강점을 키울 수 있도록 다양한 경험을 제공해야 합니다. 자립심을 길러주는 것. 아이가 스스로 문제를 해결하고 책임감을 느낄 수 있도록 기회를 제공해야 합니다. 긍정적인 자아개념을 형성하도록 돕는 것. 아이가 자신을 사랑하고 존중할 수 있도록 긍정적인 피드백을 주고, 스스로의 가치를 인정할 수 있도록 도와야 합니다. 건강한 인간관계를 형성하도록 돕는 것. 다른 사람들과의 관계를 통해 사회성을 배우고, 건강한 인간관계를 형성할 수 있도록 도와야 합니다.

아이가 스스로 살아갈 수 있도록 어떤 준비를 해줘야 할까요?

자신의 꿈을 찾도록 돕고, 아이의 자기 관리 능력을 키워주고, 문제 해결 능력을 길러주어야 합니다. 다른 사람들과 원만하게 소통하고 협력하며 살아갈 수 있도록 사회성을 길러주어야 합니다.

부모가 주의해야 할 점도 있습니다. 과도한 기대는 금물입니다. 아이에게 너무 높은 기대를 걸면 아이는 부담감을 느끼고 자존감이 낮아질 수 있습니다. 비교는 금물입니다. 아이를 다른 아이와 비교하지 말고, 아이 스스로의 성장에 집중해야 합니다. 자녀를 위한 희생보다는 함께 성장할 수 있어야 합니다. 아이를 위해 모든 것을 희생하기보다는, 아이와 함께 성장하고 발전하는 모습을 보여주는 것이 중요합니다.

아이를 키우는 것은 인생에서 가장 큰 기쁨이자 가장 큰 책임입니다. 부모는 아이의 잠재력을 믿고, 꾸준히 지지하고 격려하며, 아이가 스스로 행복한 삶을 살아갈 수 있도록 돕는 것이 중요합니다.

4부

# 아이가 자라는 만큼
# 부모도 자란다

## 01

# 기초가 탄탄하지 않은 다리는
# 무너지거나 휜다

"아이가 꿈을 자주 바꿔서 걱정이에요. 이렇게 자주 바뀌면 나중에 후회하지 않을까요?"

학부모 상담 시 자주 듣는 질문입니다. 아이의 꿈이 자주 바뀌는 것은 자연스러운 현상이며, 오히려 건강한 성장의 증거라고 할 수 있습니다.

왜 아이들의 꿈은 자주 바뀔까요? 아이들의 꿈이 자주 바뀌는 것은 마치 건축물을 지을 때 기초 공사가 부실하면 건물이 쉽게 무너지는 것과 같습니다. 아직 자신에 대해 잘 알지 못하기 때문에 흥미가 생기는 것마다 꿈으로 삼는 경우가 많습니다. 다양한 경험을 해보지 못했기 때문에 꿈에 대한 구체적인 정보가 부족하고, 쉽게 다른 꿈으로 바뀔 수 있습니다. 주변 사람들의 말이나 사회적인 분위기에 쉽게 영향을 받아 꿈이 바뀔 수 있습니다.

아이의 꿈이 자주 바뀌는 것을 걱정하지 마세요. 아이의 꿈이 자주 바뀐다고 해서 걱정할 필요는 없습니다. 오히려 이는 아이가 성장하고 있다는 증거입니다. 다양한 경험을 통해 자신에 대한 이해를 넓혀가고, 끊임없이 새로운 가능성을 모색하는 것은 건강한 성장의 과정입니다.

아이의 꿈을 돕기 위해서는 객관적인 진로적성 검사가 필요합니다. 적절한 시기에 진로적성 검사를 통해 아이의 강점과 약점을 파악하고, 흥미와 적성을 찾도록 도와주세요. 진로 상담 전문가의 도움을 받아 아이가 자신의 진로에 대해 깊이 있게 고민하고 결정할 수 있도록 지원해주세요.

부모의 관찰도 중요합니다. 아이의 일상생활을 관찰하고, 아이가 어떤 활동을 할 때 가장 즐거워하는지, 어떤 분야에 재능이 있는지 파악하세요. 다양한 분야의 체험 활동을 통해 아이가 자신의 흥미와 적성을 발견할 수 있도록 기회를 제공해주세요. 책을 읽고, 여행을 다니고, 봉사활동을 하면서 세상을 넓게 보고, 다양한 사람들을 만날 수 있도록 해주세요.

아이의 꿈이 자주 바뀐다고 해서 걱정하기보다는, 아이가 스스로 자신의 길을 찾아갈 수 있도록 돕는 것이 중요합니다. 기초 다지기는 자기 이해, 다양한 경험, 긍정적인 자세 등은 어떤 진로를 선택하든 성공하기 위한 필수적인 기반입니다. 세상은 끊임없이 변화하고 있습니다. 아이가 변화에 유연하게 대처하고, 새로운 기회를 찾을 수 있도록 가르쳐주세요. 끊임없이 배우고 성장하는 자세를 길러주세요.

아이의 꿈은 마치 한 폭의 그림과 같습니다. 처음에는 밑그림을 그리듯 흐릿하고 불안정할 수 있지만, 시간이 지나면서 점점 선명하고 아름다운 그림으로 완성될 것입니다. 부모는 아이의 그림이 아름답게 완성될 수 있도록 옆에서 묵묵히 지지하고 응원해주는 역할을 해야 합니다.

## 02

# 시도는
# 해봤는지요

학부모의 불안 심리가 아이들에게 빈틈없는 스케줄을 만들고, 마치 그렇게 하지 않으면 뒤처지는 것처럼 조급하게 만드는 경우가 많습니다. 하지만 과연 부모가 이렇게 아이들의 모든 것을 통제하고 주도하는 것이 아이에게 정말 필요한 것일까요? 저는 단호하게 아니라고 말씀드리고 싶습니다.

오늘 상담했던 채원이의 경우를 예로 들어보겠습니다. 채원이는 일반적인 중학교 2학년 학생과는 사뭇 다른, 자유로운 분위기 속에서 생활하고 있었습니다. 부모님께서는 채원이를 응원하는 조력자의 역할을 충실히 해주셨고, 채원이는 스스로 자신의 생활을 계획하고 이끌어나가고 있었습니다. 채원이의 얼굴에는 밝음과 행복이 가득했습니다.

이처럼 아이들이 스스로 목표를 설정하고, 그 목표를 향해 나아가도록 책임감과 자율성을 부여하는 것이 아이들의 성장에 더욱 도움이 된다고 생각합니다. 물론 처음에는 아이에게 모든 것을 맡기는 것이 불안하고 걱정될 수 있습니다. 하지만 아이를 믿고 기다려준다면, 아이들은 스스로 문제를 해결하고 성장하는 모습을 보여줄 것입니다.

말은 쉽지만 실천하기는 어렵다고 생각하실 수 있습니다. 하지만 아이에게 자율성을 부여할 수 있는 기회를 제공하고, 아이를 진심으로 믿어준다면 충분히 가능합니다. 과연 우리는 아이에게 자율성을 부여하기 위해 어떤 노력을 해왔는지, 그리고 아이를 믿고 기다려주었는지 스스로에게 질문해볼 필요가 있습니다.

물론, 관심과 간섭의 경계를 정하는 것은 쉽지 않습니다. 하지만 아이의 성장을 위해 부모는 분명한 선을 그어야 합니다. 과도한 간섭은 아이의 자존감을 떨어뜨리고, 스스로 문제를 해결하는 능력을 저해할 수 있습니다. 아이를 믿고 기다려주는 것, 이것이 진정한 사랑이 아닐까요?

다시 한번 강조드리지만 아이들은 저마다 고유한 성장 속도와 방식을 가지고 있습니다. 부모는 아이의 성장을 돕는 조력자의 역할에 집중해야 합니다. 아이들이 스스로 세상을 경험하고, 실패와 성공을 통해 성장할 수 있도록 격려하고 지지해주는 것이 중요합니다.

아이들의 성장을 위해서는 부모의 불안을 극복하고, 아이들에게 자율성을 부여하는 것이 필요합니다. 아이를 믿고 기다려주는 것이야말로 진정한 부모의 역할입니다.

# 아들러 심리학의 과제와 자율성

아들러 심리학에서 언급된 '누구도 내 과제에 개입시키지 말고, 나도 타인의 과제에 개입하지 않는다'라는 말은, 인간관계에서 개인의 책임과 자율성을 강조하는 중요한 원리입니다. 이는 부모와 자녀 관계에서도 마찬가지로 적용됩니다.

특히 부모가 자녀의 공부, 진로, 심지어 배우자까지 간섭하는 것은 자녀의 과제에 대한 명백한 침해입니다. 이러한 과도한 개입은 자녀의 자존감을 떨어뜨리고, 스스로 문제를 해결하는 능력을 저하시켜 독립적인 성인으로 성장하는 데 큰 걸림돌이 됩니다. 자녀는 스스로 선택하고 책임질 수 있는 기회를 통해 비로소 진정한 성장을 경험할 수 있습니다.

아들러는 "곤경에 직면해보지 못한 아이들은 곤경이 닥칠 때마다 그것을 피하려고 한다"라고 말하며, 어려움을 통해 성장한다는 점을 강조했습니다. 부모가 자녀를 모든 어려움으로부터 보호하려는 것은 오히려 자녀의 성장을 저해하는 결과를 초래할 수 있습니다.

우리나라 교육 현실에서 부모와 자녀 간의 잘못된 관계 설정은 심각한 문제입니다. 많은 부모들이 '다 너를 위해서'라는 명목

하에 자녀의 인생을 대신 살아주려고 합니다. 하지만 이는 자녀를 부모의 소유물로 여기는 이기적인 태도이며, 자녀의 행복보다는 부모 자신의 만족을 위한 행위일 뿐입니다. 이러한 부모의 과도한 간섭은 자녀를 의존적인 존재로 만들고, 결국에는 부모와 자녀 모두에게 상처를 입히게 됩니다.

부모는 자녀의 성장을 돕는 조력자의 역할을 해야 합니다. 자녀에세 올바른 방향을 제시하고, 스스로 판단하고 행동할 수 있도록 기회를 제공해야 합니다. 물론, 자녀가 어려움에 처했을 때는 따뜻한 지지와 격려를 해주어야 하지만, 모든 문제를 대신 해결해주어서는 안 됩니다.

자녀는 부모의 소유물이 아니라 독립적인 개체입니다. 따라서 부모는 자녀의 선택을 존중하고, 스스로 책임을 질 수 있도록 도와야 합니다. 이를 위해 부모는 먼저 자녀를 있는 그대로 받아들이고, 자녀의 개성과 능력을 존중해야 합니다. 또한, 자녀와의 대화를 통해 서로를 이해하고, 신뢰를 구축해야 합니다.

부모와 자녀의 바람직한 관계는 서로에게 긍정적인 영향을 미칩니다. 자녀는 부모의 지지와 격려를 바탕으로 자신감을 얻고, 독립적인 성인으로 성장할 수 있습니다. 부모는 자녀의 성장을 통해 보람과 행복을 느낄 수 있습니다. 따라서 부모는 자녀의 삶에 과도하게 개입하기보다는, 조력자의 역할에 충실해야 합니다.

아들러 심리학은 부모와 자녀 관계에서 개인의 책임과 자율성을 강조합니다. 부모는 자녀의 성장을 돕는 조력자의 역할을 해야 하며, 자녀의 선택을 존중하고, 스스로 문제를 해결할 수 있도록 기회를 제공해야 합니다. 이를 통해 부모와 자녀는 서로에게 행복한 삶을 선물할 수 있을 것입니다.

# 03

# 감으로 정하지 말고
# 객관적으로 알아보고 길을 찾자

예전에는 내비게이션이 없어 종이 지도를 펼쳐 들고 길을 찾거나, 지나가는 사람들에게 길을 물어야 했습니다. 몇 번이고 길을 잘못 들어서 빙빙 돌아다니기도 하고, 엉뚱한 곳에 도착하기도 하는 경험을 했던 기억이 납니다. 마치 미지의 땅을 탐험하는 듯 낯설고 불안한 경험이었죠.

아이들의 재능을 찾는 일 또한 마찬가지입니다. 부모는 누구보다 자녀를 잘 알고 있다고 생각하지만, 아이들의 재능은 겉으로 드러나기 쉽지 않습니다. 특히 예체능 분야를 제외하고는 아이들의 재능을 명확하게 파악하기 어렵습니다. 재능은 마치 땅속에 묻힌 보물과 같아서 쉽게 발견되지 않습니다.

아이들의 재능은 가능성의 씨앗과 같아서 관찰만으로는 발견하기 어렵습니다. 설령 재능을 발견했다고 해도, 그 재능을 살릴 수 있는 적합한 직업을 찾는 것은 또 다른 어려움입니다. 재능과 적성을 안다고 해도, 시대의 변화와 사회의 요구에 맞는 직업을 찾는 것은 쉽지 않은 일이니까요.

이러한 어려움을 해결하기 위해 객관적인 검사를 활용하는 것이 필요합니다. 단순히 한 가지 항목만 검사하는 것이 아니라, 성격, 능력, 흥미, 가치관 등 다양한 측면을 종합적으로 검사하여 아이의 특성을 파악해야 합니다. 이러한 검사 결과는 아이의 잠재력을 파악하고, 진로 선택에 대한 유용한 정보를 제공해줄 수 있습니다.

부모가 관찰한 아이의 특성과 심리검사 결과를 종합적으로 분석하면, 아이에게 가장 적합한 진로를 찾는 데 큰 도움이 될 것입니다. 검사 결과가 항상 정확한 것은 아니지만, 진로 선택을 위한 중요한 참고 자료로 활용할 수 있습니다. 마치 병원에서 건강검진을 받고, 의사의 진단을 통해 질병을 예방하고 치료하듯이, 아이들의 진로 상담도 마찬가지입니다. 다양한 검사를 통해 아이의 특성을 파악하고, 전문가의 상담을 통해 진로를 결정하는 것은 매우 중요한 일입니다.

전문가의 도움을 받아 진로를 결정하는 것은 단순히 직업을 선택하는 것을 넘어, 아이의 삶 전체에 영향을 미치는 중요한 결정입니다. 아이의 잠재력을 최대한 발휘할 수 있도록 돕고, 행복한 삶을 살 수 있도록 지원하는 것이 부모의 역할입니다.

물론 진로는 단 한 번의 선택으로 결정되는 것이 아닙니다. 시대가 변하고, 개인의 관심사도 변화하기 때문에 진로는 유동적으로 변할 수 있습니다. 중요한 것은 아이가 스스로 자신의 진로를 선택하고, 그 선택에 대한 책임을 질 수 있도록 돕는 것입니다.

아이들의 진로 선택은 부모의 관심과 노력이 필요한 중요한 과정입니다. 객관적인 검사와 전문가의 상담을 통해 아이의 특성을 파악하고, 아이에게 가장 적합한 진로를 찾도록 도와주는 것이 바람직합니다.

# 진로적성 검사 기법

각종 진로적성 검사 기법은 청소년들이 자신의 잠재력을 발견하고, 미래의 진로를 선택하는 데 있어 중요한 도구입니다. 다양한 검사 기법을 통해 자신의 성격, 능력, 흥미, 가치관 등을 객관적으로 파악하고, 이를 바탕으로 자신에게 맞는 직업을 찾을 수 있습니다.

성격 유형 검사

MBTI (Myers-Briggs Type Indicator): 가장 널리 사용되는 성격 유형 검사 중 하나로, 16가지 성격 유형으로 분류하여 개인의 성격 특징을 파악합니다. 외향성, 내향성, 감각, 직관, 사고, 감정, 판단, 인식 등 네 가지 선호 경향을 기반으로 개인의 성격을 분석하여, 적합한 직업과 업무 환경을 제시합니다.

DISK 행동 유형 검사: 외향성과 내향성, 업무 지향성과 관계 지향성을 기준으로 4가지 유형으로 분류하여 개인의 행동 특징을 파악합니다.

에니어그램: 9가지 성격 유형으로 분류하여 개인의 성격 특징과 동기, 핵심 욕구 등을 파악합니다.

능력 검사

다중지능 검사: 하워드 가드너 박사가 주창한 다중지능 이론을 바탕으로, 언어 지능, 논리 수학적 지능, 공간 지능, 신체 운동 지능, 음악 지능, 대인 관계 지능, 자기 성찰 지능, 자연 관찰 지능 등 8가지 지능을 평가합니다. 개인의 강점과 약점 지능을 파악하고, 각 지능에 맞는 진로를 제시합니다.

흥미 검사

직업 흥미 유형 검사: 홀랜드의 직업 흥미 이론을 바탕으로, 현실형, 탐구형, 예술형, 사회형, 기업형, 관습형 등 6가지 직업적 성격 유형으로 분류합니다. 개인이 선호하는 활동과 작업 환경을 파악하여, 적합한 직업을 제시합니다.

가치관 검사

직업 가치관 검사: 직업을 선택할 때 중요하게 생각하는 가치관을 파악합니다. 성공, 안정, 사회적 공헌, 자기표현 등 다양한 가치관을 평가하여, 개인의 가치관에 어울리는 직업을 찾도록 돕습니다.

검사 결과를 통해 자신의 강점과 약점, 흥미, 가치관 등을 객관적으로 파악하고, 자신을 더욱 잘 이해할 수 있습니다. 다양한 직업 정보와 연계하여 자신에게 맞는 직업을 탐색하고, 진로 목표를 설정할 수 있습니다. 검사 결과를 바탕으로 진로 상담을 진행하여 진로에 대한 구체적인 계획을 수립할 수 있습니다.

물론 검사 결과는 절대적인 기준이 될 수 없으며, 개인의 성장과 변화에 따라 달라질 수 있습니다. 한 가지 검사 결과만으로 판단하기보다는, 다양한 검사 결과를 종합적으로 분석해야 합니다. 검사 결과에 대한 해석과 진로 상담은 전문가의 도움을 받는 것이 좋습니다.

검사를 통해 얻은 정보는 진로 선택의 중요한 참고 자료가 될 수 있습니다. 하지만 진로는 단순히 검사 결과만으로 결정되는 것이 아니라, 개인의 경험, 가치관, 사회적 환경 등 다양한 요소를 고려하여 신중하게 결정해야 합니다.

위크넷(www.work.go.kr)이나 커리어넷(www.career.re.kr)과 같은 정부 기관에서 제공하는 다양한 진로 검사를 활용하여 자신에 대해 더욱 깊이 이해하고, 미래를 설계해나가는 것이 좋습니다. 검사 결과를 바탕으로 자신에게 맞는 진로를 찾고, 끊임없이 자기 계발을 통해 자신의 꿈을 향해 나아가기를 바랍니다.

# 04

# 지배당하는 사람과
# 지배하는 사람

ChatGPT, Bing, Bard와 같은 AI 챗봇의 등장은 우리 삶의 방식을 근본적으로 변화시키고 있습니다. 이러한 AI 기술은 단순히 정보를 제공하는 수준을 넘어, 우리의 사고방식과 행동 방식까지도 영향을 미치고 있습니다. 이제 우리는 AI가 우리 삶에 미칠 수 있는 긍정적인 영향과 부정적인 영향을 깊이 있게 고민하고, AI와 함께 살아가기 위한 준비를 해야 합니다.

AI 챗봇은 마치 개인 비서와 같이, 우리의 질문에 대한 답변을 빠르고 정확하게 제공합니다. 정보 검색, 번역, 글쓰기 등 다양한 분야에서 활용될 수 있으며, 우리의 업무 효율성을 높이고 삶의 편리함을 증대시켜 줄 수 있습니다.

하지만 AI 챗봇의 발전은 양날의 검과 같습니다. AI가 생성하는 정보의 신뢰성에 대한 문제, 개인정보 유출의 위험, 그리고 AI에 대한 과도한 의존 등 다양한 문제점이 제기되고 있습니다. 특히, AI가 인간의 일자리를 대체하고, 사회 불평등을 심화시킬 수 있다는 우려도 커지고 있습니다.

AI 시대, 필요한 역량은 무엇일까요? AI 시대에 성공적으로 살아남기 위해서는 기존의 지식 암기 능력뿐만 아니라, 새로운 역량이 요구됩니다.

깊이 있는 질문 능력: AI에게 정확한 정보를 얻기 위해서는 구체적이고 명확한 질문을 할 수 있어야 합니다. 단순히 정보를 찾는 것을 넘어, 문제를 해결하고 창의적인 아이디어를 얻기 위한 능력이 필요합니다.

비판적 사고 능력: AI가 제공하는 정보를 무비판적으로 받아들이기보다는, 그 정보의 출처와 신뢰성을 꼼꼼히 따져보고, 다른 관점에서 생각해 볼 수 있는 능력이 필요합니다.

학습 능력: AI 기술은 빠르게 발전하고 있으며, 새로운 기술과 도구가 끊임없이 등장하고 있습니다. 이러한 변화에 빠르게 적응하고 새로운 것을 배우는 능력이 중요합니다.

창의성: AI는 많은 일을 자동화할 수 있지만, 창의적인 문제

해결 능력은 여전히 인간만이 가진 고유한 능력입니다. 새로운 아이디어를 내고, 기존의 틀을 깨는 능력이 요구됩니다.

소통 능력: AI와 함께 일하고 협력하기 위해서는 효과적으로 소통할 수 있는 능력이 필요합니다. 다른 사람들과의 협업을 통해 시너지를 창출하고, 다양한 아이디어를 공유할 수 있어야 합니다.

AI는 우리 삶의 일부가 되었고, 이제 우리는 AI와 함께 살아가는 방법을 찾아야 합니다. AI를 단순히 도구로 활용하는 것을 넘어, AI와 함께 성장하고 발전하는 방안을 모색해야 합니다. AI의 한계를 인지하고, 보완하기 위한 노력을 기울여야 합니다. AI는 아직까지 인간의 감성이나 창의성을 완벽하게 모방할 수 없습니다. 따라서 AI의 강점과 약점을 파악하고, 인간만이 할 수 있는 일에 집중해야 합니다.

AI는 우리 삶에 큰 변화를 가져올 것입니다. 하지만 이러한 변화에 대한 두려움보다는, 새로운 기회를 맞이하는 긍정적인 자세가 필요합니다. AI와 함께 성장하고 발전하기 위해서는 지속적인 학습과 노력이 필요하며, 우리 모두가 함께 노력해야 합니다.

미래는 인공지능에 지배당하는 사람과 인공지능을 지배하는 사람으로 나뉘게 될 것입니다. 우리는 어떤 선택을 할 것입니까?

# AI 시대의 미래 인재 양성

급변하는 AI 시대에 살아남기 위해서는 단순히 지식 암기가 아닌 창의적 사고, 문제 해결 능력, 소통 능력, 협업 능력 등 다양한 역량을 갖춰야 합니다.

2025년부터는 초등학교부터 고등학교까지 AI 교육이 의무화되지만, 현실적으로 교육 시간이 부족한 상황입니다. 따라서 학교 교육뿐만 아니라, 온라인 교육 플랫폼, 전문 학원 등 다양한 채널을 활용하여 AI 교육 기회를 확대해야 합니다. AI 기술을 활용한 다양한 프로젝트를 수행하며, 학생들이 AI 기술을 직접 경험하고 실생활 연계해 활용할 수 있도록 해야 합니다. 과학관, 4차 산업 체험관 등 학생들이 직접 체험하고 참여할 수 있는 시설을 이용하는 것도 좋은 방법입니다.

독서를 통해서는 사고력을 함양할 수 있습니다. 4차 산업혁명 관련 서적뿐만 아니라, 인문학, 사회과학 등 다양한 분야의 책을 읽도록 장려하여 배경지식을 넓혀야 합니다. 부모와 자녀가 함께 책을 읽고 토론하며, 비판적 사고력과 소통 능력을 키울 수 있도록 해야 합니다. 또래 친구들과 함께 책을 읽고 토론하며, 독서의 즐거움을 함께 나누도록 해야 합니다.

봉사활동을 통해 다른 사람들과 함께 문제를 해결하고 사회에 기여하는 경험을 쌓도록 하는 것도 좋습니다.

AI 시대에 성공적으로 살아남기 위해서는 단순히 지식을 암기하는 것을 넘어 다양한 역량을 갖춰야 합니다. AI 시대는 우리에게 새로운 도전과 기회를 제공합니다. 이러한 변화에 적극적으로 대응할 수 있어야 하겠습니다.

# 05

# 행복하게 살라는 말을
# 많이 하자

우리 아이들에게 자주 하는 말들을 떠올려보세요. 무심코 내뱉는 말들이 아이들의 마음에 어떤 영향을 미치고 있을까요? 특히, 자주 사용하는 표현이나 반복되는 말투는 아이들에게 강한 인상을 심어줄 수 있습니다.

"공부 잘해야 좋은 대학 가고 성공한다"라는 말은 많은 부모들이 자녀에게 자주 하는 말일 것입니다. 하지만 이 말은 아이들에게 공부가 곧 성공이라는 잘못된 신호를 줄 수 있습니다. 공부는 분명 중요하지만, 삶의 모든 것이 아닙니다. 공부를 통해 얻을 수 있는 것들은 많지만, 성공은 그중 하나일 뿐입니다.

공부는 수단이지 목적이 아닙니다. 훌륭한 학자들도 단순히 공부를 위해 공부하는 것이 아니라, 새로운 지식을 탐구하고 세상을 이해하기 위해 공부합니다. 아이들에게도 공부가 왜 필요한지, 공부를 통해 무엇을 얻을 수 있는지에 대해 이야기해주는 것이 중요합니다.

아이의 꿈과 목표를 존중해주세요. 아이들이 무엇을 좋아하고, 무엇을 잘하는지 관심을 가지고 지켜보세요. 아이들의 꿈을 존중하고, 그 꿈을 향해 나아갈 수 있도록 격려해주세요. 아이가 스스로 목표를 설정하고, 그 목표를 달성하기 위해 노력할 때, 공부는 자연스럽게 따라오게 됩니다.

다양한 능력을 키워주세요. 공부 잘하는 능력은 중요하지만, 세상에는 다양한 능력이 존재합니다. 아이가 가지고 있는 고유한 재능을 발견하고, 그 재능을 키울 수 있도록 지원해주세요. 예술적 재능, 운동 능력, 리더십 등 다양한 분야에서 아이의 잠재력을 발휘할 수 있도록 도와주세요.

행복의 기준은 아이에게 있습니다. 아이의 행복은 부모가 정의하는 것이 아니라, 스스로가 느끼는 것입니다. 아이가 무엇을 통해 행복을 느끼는지 관찰하고, 아이의 행복을 존중해주세요.

아이와의 대화를 통해 신뢰를 쌓으세요. 아이와 자주 대화하고, 아이의 생각과 감정을 들어주세요. 아이의 마음을 이해하고 공감하면서 신뢰 관계를 형성하는 것이 중요합니다.

긍정적인 피드백을 아끼지 마세요. 아이의 노력과 성장을 칭찬하고 격려해주세요. 작은 성공에도 기뻐하고, 실패했을 때는 다시 일어설 수 있도록 용기를 북돋아주세요.

아이의 독립성을 존중해주세요. 아이가 스스로 결정하고 책임질 수 있도록 기회를 제공해주세요. 물론, 아이의 안전을 위해 필요한 경우에는 제한을 가할 수 있지만, 가능한 한 아이의 자율성을 존중해주세요.

부모도 함께 성장해야 합니다. 아이를 키우는 것은 부모에게도 큰 성장의 기회입니다. 아이와 함께 배우고 성장하며, 더 나은 부모가 되기 위해 노력해야 합니다.

# 행복한 덴마크 아이들

우리 아이들이 행복하기 위해서는 무엇이 필요할까요? 단순히 물질적인 풍요나 높은 학업 성적이 전부는 아닙니다. 행복지수 세계 1위 국가인 덴마크의 교육 시스템을 살펴보면 우리 아이들에게 시사하는 바가 큽니다.

덴마크 아이들은 왜 행복할까요? 그 비결 중 하나는 바로 자유로운 학습 환경입니다. 덴마크에서는 초등학교 9학년까지 등수를 매기지 않고, 시험을 통한 평가를 최소화합니다. 대신 아이들이 스스로 흥미를 느끼고 탐구할 수 있도록 다양한 활동을 제공합니다.

아이들이 단순히 좋은 성적을 받기 위해 공부하는 것이 아니라, 스스로의 잠재력을 발견하고 키워나갈 수 있도록 돕는 것입니다. 즉, 공부는 목표가 아니라 수단이며, 중요한 것은 자신이 좋아하는 일을 찾아 행복하게 살아가는 것이라는 것을 가르치는 것입니다.

우리 아이들의 행복에는 무엇이 중요할까요? 우리나라 10대들이 생각하는 행복의 조건은 덴마크 아이들과 크게 다르지 않습니다. 2024년 YTN의 보도에 따르면, 우리나라 10대들은 돈

(15.8%)이나 직업(4.0%)보다 건강(26.7%)과 가족(26.6%)의 중요성을 더 크게 생각합니다.

우리 아이들이 물질적인 성공보다는 정신적인 안정과 행복을 더 중요하게 생각합니다. 아이들에게 필요한 것은 높은 성적이 아니라, 자신을 사랑하고, 타인과의 관계를 소중히 여기며, 꿈을 향해 나아갈 수 있는 힘입니다.

아이들의 행복은 단순히 좋은 성적이나 물질적인 풍요로만 이루어지는 것이 아닙니다. 아이들이 스스로의 잠재력을 발휘하고, 행복한 삶을 살아갈 수 있도록 돕는 것이 우리의 역할입니다. 덴마크의 교육 시스템에서 배우고, 우리 아이들에게 맞는 행복한 교육 환경을 만들어줄 수 있도록 노력해야 합니다.

# 06

# 굴곡 없이 자라는 나무가 없듯이
# 실패 없이 크는 사람도 없다

아이의 실패를 바라는 부모는 없을 것입니다. 하지만 지나친 보호는 아이의 성장을 가로막을 수 있습니다. 마치 아이가 걸어가는 길에 모든 장애물을 치워놓는 것처럼, 아이가 스스로 문제를 해결하고 성장할 기회를 박탈하는 것은 결국 아이의 독립을 방해하는 행위입니다.

부모의 품 안에서 아이는 다양한 문제 상황에 직면하고 스스로 해결책을 찾아야 합니다. 작은 사회를 미리 경험해보는 것처럼, 아이는 실패를 통해 문제 해결 능력을 키우고 스스로를 믿는 자신감을 얻을 수 있습니다.

실패는 성장의 밑거름입니다. 우리는 종종 실패를 부끄러운 일이라고 생각하지만, 실패는 성공을 위한 필수적인 과정입니다. 나무가 튼튼하게 자라기 위해 거센 바람을 이겨내듯이, 사람도 역경을 이겨내면서 성장합니다. 실패를 통해 얻는 교훈은 성공적인 삶을 위한 소중한 자산이 됩니다.

역경은 삶의 일부입니다. 사회생활을 하면서 우리는 누구나 어려움에 직면하게 됩니다. 이러한 역경을 어떻게 극복하느냐에 따라 삶의 결과가 달라질 수 있습니다. 어려움 앞에서 쉽게 포기하는 아이는 스스로에 대한 불신을 키우게 되고, 결국 더 큰 어려움 앞에서 무력감을 느낄 수 있습니다. 반면 어려움을 극복하려는 노력을 통해 성장하는 아이는 어떤 어려움에도 굴하지 않는 강한 정신력을 기를 수 있습니다.

아이 스스로 문제를 해결하도록 돕는 것이 중요합니다. 아이가 어려움에 부딪혔을 때, 부모는 해결책을 제시하기보다는 아이 스스로 문제를 해결할 수 있도록 돕는 것이 중요합니다. 물론 아이가 너무 힘들어할 때는 적절한 도움을 제공해야 하지만, 무조건적인 해결책을 제시하는 것은 오히려 아이의 성장을 저해할 수 있습니다.

실패를 두려워하지 않는 문화를 만들어주세요. 가정에서 실패를 자연스럽게 받아들이는 분위기를 만들어주는 것이 중요합니다. 아이가 실패했을 때 비난하기보다는 노력을 칭찬하고 다음에는 어떻게 하면 더 잘할 수 있을지 함께 고민하는 시간을 가져보세요.

부모의 역할은 아이의 성장을 돕는 것입니다. 아이가 스스로 문제를 해결하고 성장할 수 있도록 격려하고 지지하는 것이 부모의 가장 중요한 역할입니다. 아이가 실패를 통해 얻는 교훈은 곧 아이의 자산이 되어, 앞으로 살아가면서 큰 힘이 될 것입니다.

아이의 성장을 위해서는 실패를 두려워하기보다는, 실패를 통해 배우고 성장하는 기회로 삼아야 합니다. 아이는 다양한 어려움을 극복하며 성장할 수 있습니다. 부모는 아이의 성장을 돕는 정원사입니다. 아이가 건강하게 성장할 수 있도록 따뜻한 시선으로 지켜봐주세요.

# 실패는 성공의 어머니

'실패는 누구나 할 수 있다'라는 말은 진부하게 들릴 수 있지만 중요한 진리입니다. 발명왕 에디슨은 전구를 발명하기 전에 무려 1,200번의 실패를 경험했습니다. 하지만 그는 단 한 번도 자신의 노력을 실패라고 정의하지 않았습니다. 에디슨은 이러한 과정을 통해 얻은 지식과 경험이야말로 진정한 성공이라고 생각했습니다.

실패는 단순히 목표를 달성하지 못한 것이 아니라, 다음 성공을 위한 발판이 됩니다. 실패를 통해 더 단단한 기반을 다질 수 있습니다.

## 실패를 두려워하지 않는 아이로 키우는 법

실패는 자연스러운 과정임을 인지시키기: 아이들에게 실패는 누구에게나 일어날 수 있는 자연스러운 과정임을 가르쳐야 합니다. 실패를 부끄러워하거나 두려워할 필요가 없으며, 오히려 실패를 통해 배우고 성장할 수 있다는 것을 알려주세요.

긍정적인 피드백 제공하기: 아이가 실패했을 때 비난하거나 질책하기보다는, 노력한 과정을 칭찬하고 다음에는 어떻게 하면 더 잘할 수 있을지 함께 고민해보세요.

실패를 통해 얻은 교훈을 찾아보기: 실패 경험을 통해 무엇을 배웠는지 함께 이야기하며, 다음에 같은 실수를 반복하지 않도록 도와주세요.

성공적인 경험을 공유하기: 역사 속 위대한 인물들이 어려움을 극복하고 성공한 이야기를 들려주거나, 함께 영화를 보며 간접 경험을 하게 해주세요.

실패를 두려워하지 않는 분위기 조성하기: 가족 구성원 모두가 실패를 자연스럽게 받아들이고, 서로를 격려하는 분위기를 만들어주세요.


실패를 통해 얻는 것들이 있습니다. 실패를 통해 문제의 원인을 분석하고, 더 나은 해결책을 찾는 능력을 키울 수 있습니다. 실패를 경험하고 극복하는 과정을 통해 역경을 이겨내는 힘을 기를 수 있습니다. 어려움을 극복하고 목표를 달성했을 때, 스스로에 대한 자신감을 얻을 수 있습니다. 새로운 시도를 통해 실패를 경험하면서 더욱 창의적인 아이디어를 떠올릴 수 있습니다.

아이들이 실패를 두려워하지 않고, 스스로 문제를 해결하고 성장할 수 있도록 돕는 것이 부모의 역할입니다.

# 07

# 혼자 살아갈 수 있게 해주는 것이
# 최고의 유산

저는 아이들이 대학 졸업과 동시에 경제적으로 완전 독립할 수 있도록 일찍부터 준비시켰습니다. 경제활동 훈련부터 시작하여, 스스로 결정하고 책임지는 경험을 쌓도록 했습니다. 물론 처음에는 실패도 많았지만, 이러한 과정을 통해 아이들은 스스로 문제를 해결하고 성장하는 법을 배웠습니다.

왜 아이들의 독립이 중요할까요? 스스로 문제를 해결하고 책임감을 갖도록 함으로써 자립심을 키울 수 있습니다. 부모의 과도한 보호 아래서는 성장에 필요한 시행착오를 경험할 기회가 적습니다. 독립을 통해 다양한 경험을 쌓고 성장할 수 있습니다. 스스로 선택하고 책임지는 삶을 살 때 진정한 행복을 느낄 수 있습니다. 자녀가 독립하면 부모는 자녀의 삶에 과도하게 간섭하지 않고, 자신만의 삶을 살 수 있습니다.

독립을 위한 준비는 단순히 경제적인 부분만을 의미하지 않습니다. 아이들이 자신의 감정을 조절하고 타인과의 관계를 형성하는 정서적 능력을 키울 수 있도록 도와야 합니다. 다양한 사람들과의 교류를 통해 사회성을 키우고, 협동심과 배려심을 배우도록 해야 합니다. 문제 상황에 직면했을 때 스스로 해결책을 찾고 실행할 수 있도록 훈련해야 합니다.

독립을 위한 준비는 어떻게 해야 할까요? 일찍부터 경제 교육을 해야 합니다. 용돈 관리, 저축, 소비 습관 등을 가르쳐 경제적인 자립심을 키워줍니다. 가사 분담도 배워야겠죠. 집안일을 함께 하며 책임감을 배우고, 독립적인 생활을 위한 기반을 다집니다. 자유로운 의사 결정을 허용해주어야 합니다. 아이의 선택을 존중하고, 스스로 결정하고 책임지는 경험을 할 수 있도록 기회를 제공합니다.

갑작스럽게 독립을 강요해서는 안 됩니다. 아이의 성장 속도에 맞춰 점진적으로 독립을 준비해야 합니다. 부모는 과도한 간섭을 피하며 아이가 스스로 문제를 해결할 수 있도록 믿고 기다려야 합니다. 독립을 준비하는 과정에서 아이들이 느끼는 불안감과 외로움을 이해하고 지지해주어야 합니다.

아이들의 독립은 단순히 경제적인 문제뿐만 아니라, 정서적,

사회적 성장과 밀접하게 관련되어 있습니다. 부모는 아이들이 건강하게 성장하고 독립적인 삶을 살아갈 수 있도록 적절한 지도와 지원을 해야 합니다.

# 피터 팬 증후군

'피터 팬 증후군'이라는 말, 한 번쯤 들어보셨을 겁니다. 동화 속 피터 팬처럼 어른이 되기를 거부하고, 어린 시절의 즐거움에만 머무르려는 심리를 가리키는 말입니다.

왜 피터 팬 증후군이 생길까요? 부모가 자녀를 지나치게 보호하고 모든 것을 대신해주는 경우, 아이는 스스로 문제를 해결하고 책임감을 느낄 기회가 없어 자립심이 부족해집니다. 아이가 어린 시절에 경험한 행복한 기억에 묶여, 더 성숙한 관계나 역할을 수행하는 것을 두려워하게 됩니다. 어른으로서의 책임과 의무를 감당하기 어려워, 현실에서 도피하려는 심리가 작용하기도 합니다.

## 피터 팬 증후군의 특징

책임 회피: 일에 대한 책임을 지기 싫어하고, 문제가 생기면 다른 사람에게 떠넘기려 합니다.

의존적인 성격: 다른 사람에게 의존하는 경향이 강하고, 스스

로 결정하기 어려워합니다.

미성숙한 행동: 어린아이 같은 행동을 보이며, 현실적인 문제 해결 능력이 부족합니다.

불안정한 대인 관계: 깊이 있는 관계를 맺기 어려워하고, 관계에서 갈등이 생기면 쉽게 포기하려 합니다.

피터 팬 증후군은 단순히 어린 시절의 행복을 붙잡고 싶어 하는 것 이상의 문제를 야기할 수 있습니다. 직장생활, 대인 관계 등 사회생활 전반에서 어려움을 겪을 수 있고, 불안, 우울증 등 정신적인 문제를 겪을 가능성도 높아집니다.

피터 팬 증후군은 단순히 어린 시절의 행복을 붙잡고 싶어 하는 것이 아니라, 심리적인 성장이 더딘 상태를 의미합니다. 아이가 건강하게 성장하고 독립적인 인격체로 성장하기 위해서는 부모의 역할이 중요합니다.

# 08

# 지식과 소통의 바다를 넓혀라

아이가 자라면서 세상에 대한 궁금증이 늘어나고, 다양한 질문을 던지기 시작합니다. 부모는 아이의 호기심에 대한 답변을 해주면서 자연스럽게 학습의 기회를 제공할 수 있습니다.

하지만 모든 질문에 완벽한 답을 줄 수는 없죠. 저도 처음에는 아이의 질문에 모르는 것을 인정하기 어려워 곤란했던 경험이 있습니다. 하지만 아이에게 정직하게 모르는 것을 인정하고, 함께 답을 찾아가는 과정이 더욱 의미 있다는 것을 깨달았습니다.

함께 책 읽고 토론하기, 왜 중요할까요? 책을 통해 다양한 지식을 얻고, 깊이 있는 사고를 할 수 있습니다. 책의 내용을 비판적으로 분석하고, 자신의 생각을 논리적으로 표현하는 능력을 키울 수 있습니다. 다른 사람의 의견을 경청하고, 자신의 생각을 효과적으로 전달하는 능력을 향상시킬 수 있습니다. 책을 통해 다양한 감정을 경험하고, 공감 능력을 키울 수 있습니다.

## 인지심리학자들은 지식을 크게 두 가지로 나눕니다

암묵지: 경험을 통해 얻은 직관적인 지식으로, 설명하기 어려운 경우가 많습니다.

형식지: 논리적이고 체계적인 지식으로, 다른 사람에게 설명할 수 있습니다.

우리가 진정으로 활용할 수 있는 지식은 형식지입니다. 즉, 남에게 설명할 수 있을 정도로 명확하게 이해하고 있는 지식이죠. 책을 읽고, 다른 사람들과 토론하는 과정을 통해 암묵지를 형식지로 전환할 수 있습니다.

현대 사회에서는 단순히 지식을 암기하는 것보다, 비판적 사고와 소통 능력이 더욱 중요하게 요구됩니다. 토론은 이러한 능력을 키우는 데 효과적인 방법입니다.

다양한 관점에서 문제를 바라보고, 논리적인 근거를 바탕으로 판단하는 능력을 키웁니다. 자신의 생각을 체계적으로 정리하고, 논리적으로 표현하는 능력을 향상시킵니다. 다른 사람의 의견을 경청하고, 자신의 생각을 효과적으로 전달하는 능력을 키웁니다.

아이와 함께 책을 읽고 토론하려면 어떻게 해야 할까요. 아이가 흥미를 느낄 만한 책을 함께 읽으면 더욱 효과적입니다. 아이가 자신의 생각을 편안하게 말할 수 있도록 편안한 분위기를 만들어주세요. 아이의 의견을 존중하고, 다른 관점을 수용하는 자세를 보여주세요. 부모가 먼저 책을 읽는 모습을 보여주세요.

책을 읽고 토론하는 것은 단순히 지식을 쌓는 것을 넘어, 아이들의 미래 역량을 키우는 데 중요한 역할을 합니다. 비판적 사고력, 논리적 사고력, 소통 능력 등은 아이들이 사회에서 성공적으로 살아가기 위해 필요한 필수적인 역량입니다. 부모는 아이와 함께 책을 읽고 토론하는 시간을 통해 아이들의 성장을 지원할 수 있습니다.

# 아이에게 책 읽는 습관을 길러주기

"자신이 선정한 분야의 관련 서적을 하루에 한 시간만 읽게 되면 3년 안에 그 분야의 전문가가 될 것이다. 5년이면 국내 최고 전문가, 7년 안에 세계적인 전문가가 될 것이다." 세계적인 비즈니스 컨설턴트 브라이언 트레이시(Brian Tracy)의 말처럼, 독서는 단순한 취미가 아닌 삶을 변화시키는 강력한 도구입니다. 특히 성장기의 아이들에게 독서는 지식 습득을 넘어 사고력, 창의력, 감성을 키우고, 미래 사회를 살아가는 데 필요한 핵심 역량을 함양하는 데 큰 도움을 줍니다.

아이에게 독서 습관을 길러주려면 아이의 관심사에 맞는 책을 선택해서 즐거운 독서를 하고, 집안에 작은 도서관을 만들거나 아이가 좋아하는 공간에 책을 비치하여 독서를 자연스럽게 할 수 있는 환경을 만들어주는 것이 좋습니다. 독서 기록을 남기는 것도 추천합니다. 읽은 책에 대한 느낌이나 생각을 적는 습관을 들이면 독서 습관을 더욱 굳건히 할 수 있습니다.

아이들에게 책 읽는 습관을 길러주는 것은 부모가 줄 수 있는 가장 큰 선물 중 하나입니다. 부모가 직접 아이에게 책을 읽어주고, 함께 이야기를 나누는 시간은 아이에게 특별한 추억이 될 것입니다. 부모의 모습을 보며 아이들은 자연스럽게 책에 대한 흥미를 느끼고, 독서 습관을 형성할 수 있습니다. 책 읽기는 집중력을 높이고, 정서적 안정감을 가져다주는 효과도 있습니다. 오늘부터 아이와 함께 책을 읽고, 이야기를 나누며, 독서의 즐거움을 함께 나눠보세요. 아이들의 미래는 독서를 통해 더욱 밝게 빛날 것입니다.

# 09

# 감정 결핍이 생기면
# 평생 허허하다

말수가 적은 아이를 보며 '그냥 내성적이라 그렇겠지'라고 생각하는 것은 너무나도 쉽습니다. 하지만 아이의 침묵 속에는 우리가 간과하고 있는 더 깊은 의미가 숨겨져 있을 수 있습니다.

왜 아이들은 말을 닫을까요? 과거 경험에서 부모가 자신의 이야기에 부정적인 반응을 보였거나, 무시당했다는 느낌을 받은 아이들은 더 이상 자신의 감정을 표현하려 하지 않을 수 있습니다. 이러한 경험은 아이의 자존감을 떨어뜨리고, 자신에 대한 부정적인 인식을 심어줄 수 있습니다. 자신의 감정을 정확하게 인지하고 표현하는 방법을 배우지 못한 경우, 말로 표현하기보다는 감정을 억누르는 방법을 선택할 수 있습니다. 항상 긍정적인 모습만 보여주려는 완벽주의 성향 때문에 자신의 부정적인 감정을 드러내는 것을 두려워할 수 있습니다.

아이의 침묵은 단순한 성격적인 특징이 아니라, 심각한 문제의 시작일 수 있습니다. 자신의 감정을 표현하지 못하고 다른 사람과의 관계를 형성하는 데 어려움을 겪을 수 있습니다. 쌓인 감정을 해소하지 못해 불안, 우울 등의 정서적인 문제를 겪을 수 있습니다. 감정을 억누르다가 폭발적인 행동을 보이거나, 자해 등의 위험한 행동을 하는 극단적인 경우도 있습니다.

아이의 마음을 열고 소통하기 위해서는 부모의 역할이 무엇보다 중요합니다. 아이의 말을 귀 기울여 듣고, 그의 감정을 진심으로 이해하려고 노력해야 합니다. 아이의 감정을 인정하고, 함께 공감하며 "속상했겠구나, 힘들었겠다"와 같은 감정을 인정하는 따뜻한 말을 먼저 해주세요. 아이의 감정을 비난하거나 평가하지 말고, 있는 그대로 받아들여야 합니다. 아이가 언제든지 자신의 마음을 털어놓을 수 있는 안전한 공간을 만들어주세요. 부모 스스로 자신의 감정을 솔직하게 표현하고, 가족 간의 솔직한 대화를 통해 건강한 소통 문화를 만들어나가야 합니다.

아이와의 소통은 단순히 정보를 주고받는 것을 넘어, 서로를 이해하고 신뢰하는 관계를 형성하는 데 중요한 역할을 합니다.

아이의 침묵은 단순한 현상이 아니라, 불안, 스트레스, 또는 소외감과 같은 다양한 심리적인 문제와 연결될 수 있습니다. 부모

는 아이의 마음을 열고 소통하기 위해 꾸준한 노력을 기울여야
합니다. 아이와의 깊은 유대감을 형성하고, 건강한 대화를 통해
아이가 행복하게 성장할 수 있도록 도와주세요.

# 침묵하는 아이와의 소통

## 침묵하는 아이와 소통할 때 주의할 점

강요하지 마세요! 아이가 말하고 싶어 할 때까지 기다려주세요. 강압적인 태도는 오히려 아이를 닫게 만들 수 있습니다.

비교하지 마세요! 다른 아이와 비교하며 아이를 압박하지 마세요.

인내심을 가지세요! 아이와의 소통은 하루아침에 이루어지지 않습니다. 꾸준히 노력하고 기다림이 필요합니다.

아이가 자신의 감정을 표현할 때 먼저 아이의 감정을 공감하고, 이후 바람직한 감정 표현 방법을 알려주고 칭찬하는 방식을 사용할 수 있습니다.

일관된 반응이 중요합니다. 아이의 신호에 일관되게 반응하여 아이가 부모를 신뢰할 수 있도록 해야 합니다. 따뜻한 스킨십도 필요합니다. 아이를 안아주고 쓰다듬어주는 등의 스킨십을 통해 정서적인 안정감을 제공해야 합니다. 아이의 감정을 인정하고 공감하여 아이가 자신의 감정을 안전하게 표현할 수 있도록 도와야 합니다.

대화 시에는 아이의 눈을 보며 이야기하면 아이는 자신에게 집중하고 있다는 것을 느끼고 더욱 적극적으로 대화에 참여하게 됩니다. 말투도 주의해야 합니다. 부드러운 어투로 아이에게 다가가면 아이는 더욱 편안하게 마음을 열고 이야기할 수 있습니다. 아이의 이야기를 중단시키지 않고 끝까지 들어주세요! 아이의 생각과 감정을 존중해야 합니다.

부모가 먼저 긍정적인 대화 방식을 보여주면 아이도 자연스레 따라 하게 됩니다. 아이에게 지시를 할 때는 구체적으로, 무엇을 해야 하는지 명확하게 알려주고, 바람직한 행동을 설명해주세요.

침묵하는 아이와의 소통은 인내와 노력을 필요로 하는 과정입니다. 하지만 부모의 따뜻한 관심과 사랑을 통해 아이는 점차 마음을 열고 자신의 생각과 감정을 표현할 수 있게 될 것입니다.

## 세상은 바뀌었고 더 급속히 바뀌어갈 것이다

**학부모 질문** 주변 엄마들이 과하게 진학에 신경 쓰는 것 같아 마음이 흔들립니다. 공부 잘해서 좋은 대학 가면 다 되는 것 같기도 하고, 진로 선택에 좋은 성적이 꼭 필요한 것 같기도 하고요.

과거에는 좋은 대학에 진학하는 것이 성공의 지름길이었지만, 시대가 변하면서 더 이상 단순히 좋은 대학에 진학하는 것만으로는 성공을 보장할 수 없습니다.

현대 사회에서는 다양한 분야에서 성공할 수 있는 기회가 열려 있습니다. 따라서 단순히 학업 성적뿐만 아니라, 개인의 적성과 흥미, 창의성 등 다양한 역량을 키우는 것이 중요합니다. 과거의 성공 방식이 미래에도 통용된다는 보장은 없습니다. 오히려 빠르게 변화하는 시대에 적응하고 새로운 가치를 창출할 수 있는 능력이 더욱 중요해지고 있습니다.

좋은 대학에 진학하는 것이 목표가 되면, 정작 아이의 행복이나 꿈은 뒷전으로 밀려날 수 있습니다. 아이의 행복을 최우선으로 생각하고, 아이 스스로가 원하는 삶을 살 수 있도록 지원해야 합니다.

시대가 변하면서 부모 세대의 경험과 가치관이 더 이상 자녀에게 적용되지 않을 수 있습니다.

과거에는 안정적인 직장을 얻기 위해 학력이 중요했지만, 현재는 창의성, 문제 해결 능력, 소통 능력 등 다양한 역량이 요구됩니다. 모든 사람이 동일한 방식으로 성공할 수 있는 것은 아닙니다. 우리 아이의 특성과 흥미에 맞는 맞춤형 교육이 필요합니다.

좋은 성적은 진로 선택의 폭을 넓혀주는 것은 사실이지만, 모든 것이라고 할 수는 없습니다. 성적이 좋더라도 자신의 적성과 재능을 살리지 못한다면, 진정한 행복을 느끼기 어렵기 때문입니다. 좋은 대학에 진학하더라도, 자신이 무엇을 하고 싶은지에 대한 고민은 여전히 남아 있습니다.

자녀의 미래를 위해서는 단순히 좋은 대학에 진학시키는 것보다, 아이의 개성과 흥미를 존중하고, 다양한 경험을 통해 스스로 꿈을 찾을 수 있도록 지원해야 합니다.

## 결과를 보면 아이 잘못, 원인을 살피면 학부모 잘못

학부모 질문 중학교 자녀가 엄마 아빠의 말을 듣지 않고 반항하는데 어떻게 해야 할까요? 아이가 상담도 거부하는 중입니다. 아이를 위해 하는 일이 오히려 역효과를 낼 수도 있나요? 청소년기 자녀와의 소통을 위해 제가 어떤 노력을 해야 할까요?

중학교 자녀의 반항은 성장 과정에서 자연스러운 현상입니다. 아이들은 이 시기에 독립심이 강해지고 부모의 간섭을 싫어하는 경향이 있습니다. 단순히 반항적인 태도로만 치부하기보다는, 아이의 마음속에 무슨 일이 일어나고 있는지 깊이 이해하려는 노력이 필요합니다.

강압적인 태도를 피하세요. 아이에게 강압적인 태도를 보이면 오히려 반발심을 키울 수 있습니다. 대신, 부드럽게 설득하고 선택지를 제시해주세요. 아이의 의사를 존중하고, 스스로 결정할 수 있도록 기회를 제공하세요. 물론, 안전과 관련된 문제는 부모가 책임지고 결정해야 합니다.

아이가 상담을 거부하는 것은 부모의 의도와는 달리, 아이가 현재 상황에 대한 불안감이나 거부감을 느끼고 있음을 의미합니다. 강제하지 마세요. 아이를 강제로 상담에 참여시키면 오히려 반발심을 키울 수 있습니다. 아이의 마음을 이해하려고 노력하세요. 왜 상담을 거부하는지 아이의 입장에서 생각해보고, 그 이유를 파악하려고 노력하세요. 아이가 마음의 준비가 될 때까지 기다려주세요. 시간이 지나면 아이가 스스로 상담의 필요성을 느끼게 될 수도 있습니다.

아이를 위한 마음으로 하는 행동이 오히려 아이에게 부담을 주고, 반발심을 일으킬 수 있습니다. 일방적인 결정은 피해야 합니다. 아이의 의견을 듣지 않고 일방적으로 결정하면 아이는 자신의 의견이 존중받지 못한다고 느낄 수 있습니다.

청소년기 자녀와의 소통은 인내심과 노력을 필요로 합니다. 평소에 자주 대화를 나누세요. 사소한 일상부터 고민까지, 다양한 주제로 대화를 나누면서 아이의 생각을 이해하고, 서로를 가까워지는 기회를 만들 수 있습니다. 함께 시간을 보내세요. 함께 취미 활동을 하거나, 여행을 떠나면서 자연스럽게 대화를 나눌 수 있는 기회를 만들어주세요. 독립적인 공간을 존중해주세요. 청소년기 아이들은 독립적인 공간을 필요로 합니다. 아이만의 공간을 마련해주고, 프라이버시를 존중해주세요.

## 어릴 적 쌓은 경험은 평생 간다

**학부모 질문** 유아기와 초등학교 시기, 가장 중요한 교육은 무엇이라고 생각하시나요? 유아기와 초등학교 시기의 경험이 중요하다는데, 바쁜 사회생활 중에 아이와 충분한 시간을 보내기 어려운 경우에는 어떻게 해야 할까요?

유아기와 초등학교 시기는 뇌 발달이 가장 활발하게 이루어지는 시기입니다. 이 시기에 다양한 자극을 받고 학습하면 뇌 신경망이 발달하여 학습 능력, 문제 해결 능력, 창의력 등이 향상됩니다. 또한, 이 시기에 형성된 긍정적인 경험은 아이의 자존감 형성과 사회성 발달에도 큰 영향을 미칩니다.

뇌 과학적으로 신경 가소성이라고 하는데, 뇌는 경험에 따라 변화하는 가소성을 가지고 있어, 유아기와 초등학생 시기에 다양한 경험을 제공하면 뇌 발달에 긍정적인 영향을 줄 수 있습니다. 특정 능력은 특정 시기에 집중적으로 발달하는데, 이 시기를 놓치면 발달이 더디거나 제한될 수도 있습니다.

하지만 유아기와 초등학교 시기에는 지식 습득 못지않게 아이와의 정서적 유대감 형성이 무엇보다 중요합니다. 부모와의 긍정적인 상호작용은 아이의 사회성 발달과 정서적 안정감에 큰 영향을 미치며, 학습 능력 향상에도 도움을 줍니다.

바쁜 일상 속에서도 아이와의 시간을 가지면 됩니다.

**짧은 시간이라도 집중하기:** 함께 식사를 하거나, 산책을 하는 등 짧은 시간이라도 아이에게 집중하여 대화를 나누는 것이 중요합니다.

**주말이나 휴일을 활용하기:** 주말이나 휴일에는 아이와 함께 특별한 시간을 보내는 계획을 세워보세요.

**일상생활 속에서 함께하기:** 함께 요리하거나, 청소를 하면서 자연스럽게 대화를 나눌 수 있습니다.

**취미 활동 함께 하기:** 아이와 함께 좋아하는 활동을 하면서 즐거운 시간을 보내세요.

부모는 아이의 성장에 가장 큰 영향을 미치는 존재입니다. 부모와의 상호작용을 통해 아이는 세상을 배우고, 자신을 이해하며, 사회성을 발달시킵니다. 아이와의 충분한 상호작용을 한다면 아이의 정서적, 사회적, 인지적 발달에 도움이 됩니다.

## 자녀 교육은 말하는 것이 아니라 행동하는 것이다

**학부모 질문** 아이의 잘못된 습관을 고치기 위해 알아듣게 수 백 번 말했는데도 효과가 없어요. 어떻게 해야 할까요? 잘못 된 습관을 고치기 위해 시간이 오래 걸리는 이유는 무엇인가 요?

아이의 잘못된 습관을 고치기 위해서는 단순히 말로 지적하기 보다는 부모가 먼저 모범을 보이는 것이 더 효과적입니다. 아이들 은 부모의 행동을 관찰하고 모방하기 때문에, 부모가 바꾸고 싶은 행동을 먼저 실천하는 것이 중요합니다. 부모가 바람직한 행동을 보여주면 아이도 자연스럽게 그 행동을 따라 하게 됩니다. 예를 들 어서 아이에게 정리정돈을 가르치고 싶다면 부모가 먼저 깔끔하게 생활하는 모습을 보여주는 것이죠. 이는 아이에게 '정리정돈은 중 요한 일'이라는 것을 자연스럽게 인식시켜줍니다.

부모가 말과 행동이 일치하는 모습을 보여주면 아이는 부모를 더욱 신뢰하고, 부모의 말에 귀 기울이게 됩니다. 아이가 바람직 한 행동을 할 때면 칭찬과 격려를 아끼지 않아야 합니다. 예를 들 어 "방을 깨끗하게 청소했구나! 특히 물건들을 제자리에 잘 정리했네"라고 구체적인 행동을 언급하며 칭찬하면 아이는 자신의 노력이 인정받았다는 느낌을 받고 더욱 동기 부여를 받을 수 있습니다.

습관 형성은 시간이 오래 걸리기 때문에, 잘못된 습관을 고치는데에도 많은 시간과 노력이 필요합니다. 뇌는 변화에 대한 저항이 있기 때문에, 새로운 습관을 형성하는 데 시간이 걸립니다. 잘못된 습관은 오랜 시간 반복되어 굳어진 것이기 때문에, 이를 바꾸기 위해서는 꾸준한 노력이 필요합니다. 사람마다 습관 형성 속도가 다르기 때문에, 아이의 개인적인 특성도 고려해야 합니다. 아이의 성향에 맞춰 작은 목표를 설정하고, 달성할 때마다 칭찬해주는 것이 효과적입니다.

아이의 잘못된 습관을 고치는 것은 쉽지 않지만, 부모의 꾸준한 노력과 인내심을 통해 충분히 가능합니다. 아이의 변화를 위해서는 부모가 먼저 모범을 보이고, 긍정적인 상호작용을 하는 것이 중요합니다. 가족 구성원 모두가 함께 노력해야 합니다. 너무 조급해하지 않고 아이의 속도에 맞춰 천천히 진행해야 합니다.

## 아이의 말과 생각은 나로부터 만들어진다

**학부모 질문** 아이의 행동을 바꾸려면 부모가 먼저 변해야 하는데, 부모가 먼저 변하려면 어떤 노력을 해야 할까요? 아이의 변화를 위해 부모가 할 수 있는 구체적인 방법은 무엇이 있을까요?

아이의 행동을 바꾸고 싶다면 먼저 자신을 돌아보는 것이 중요합니다. 아이의 행동은 부모의 모습을 반영하는 경우가 많으니까요. 부모의 긍정적인 행동은 아이의 자존감을 높이고, 건강한 성장을 돕습니다.

**부모가 먼저 변화하기 위해서는** 여러 노력이 필요합니다.

**자기 성찰:** 자신의 행동과 말을 객관적으로 관찰하고, 개선해야 할 점을 찾아보세요.

**긍정적인 사고방식:** 긍정적인 마음으로 아이를 대하고, 칭찬과 격려를 아끼지 마세요.

**꾸준한 노력:** 습관을 바꾸는 것은 쉽지 않지만, 꾸준히 노력하면 변화를 경험할 수 있습니다.

**전문가의 도움:** 필요하다면, 전문가의 도움을 받아 양육에 대한 조언을 구하세요.

아이에게 꾸준하고 일관된 태도를 보여주기, 부정적인 표현 대신 긍정적인 표현을 사용하기, 아이와 자주 대화하며 아이의 생각과 감정을 이해해보기, 아이와 함께 시간을 보내며 즐거운 추억을 만들어보기 등을 실천해보면 어떨까요?

자녀 양육과 교육에 있어 부모의 태도는 아이의 성장에 지대한 영향을 미칩니다. 자신의 양육 태도를 점검하고 나에게 부족한 점이 있는지, 고칠 수 있는 것은 무엇인지 고민해봅시다.

| 문 항 | | 점수 | | | | | 총점 |
|---|---|---|---|---|---|---|---|
| | | 1 | 2 | 3 | 4 | 5 | |
| 긍정적인 상호작용 | 아이의 눈을 보고 이야기하며 집중하는가? | | | | | | |
| | 아이의 감정을 이해하고 공감하는가? | | | | | | |
| | 아이의 작은 성장에도 칭찬과 격려를 아끼지 않는가? | | | | | | |
| | 아이의 의견을 존중하고 경청하는가? | | | | | | |
| 효과적인 의사소통 | 아이의 눈높이에 맞춰 명확하게 설명하는가? | | | | | | |
| | 아이와 함께 문제를 해결하기 위한 대화를 시도하는가? | | | | | | |
| | 아이의 감정을 조절하는 방법을 가르치는가? | | | | | | |
| 일관된 규칙 | 명확하고 일관된 규칙을 정하고 지키는가? | | | | | | |
| | 규칙을 어겼을 때는 꾸준히 같은 방식으로 훈육하는가? | | | | | | |

| | | | | | | | |
|---|---|---|---|---|---|---|---|
| **독립성 존중** | 아이의 선택을 존중하고, 스스로 결정할 수 있도록 기회를 주는가? | | | | | | |
| | 아이가 스스로 문제를 해결할 수 있도록 돕는가? | | | | | | |
| **긍정적인 모델링** | 아이에게 바람직한 모습을 보여주는가? | | | | | | |
| | 예의, 배려, 책임감 등 바람직한 가치관을 심어주는가? | | | | | | |
| **학습 환경 조성** | 규칙적인 학습 시간을 정하고, 매일 같은 시간에 학습하는 습관을 들였는가? | | | | | | |
| | 조용하고 밝은, 집중하기 좋은 학습 공간을 마련했는가? | | | | | | |
| | 학습에 필요한 도구(책상, 의자, 필기도구 등)를 충분히 준비했는가? | | | | | | |
| | 스마트폰, TV 등의 방해 요소를 최소화했는가? | | | | | | |
| **학습 습관 형성** | 계획을 세우고, 시간을 관리하는 습관을 길러주었는가? | | | | | | |
| | 스스로 학습하는 습관을 길러주었는가? | | | | | | |
| | 궁금한 점은 스스로 해결하려는 노력을 하도록 격려했는가? | | | | | | |
| | 오답 노트를 작성하고, 틀린 문제를 다시 풀도록 했는가? | | | | | | |

| | | | | | | | |
|---|---|---|---|---|---|---|---|
| 독서 습관 기르기 | 다양한 종류의 책을 읽도록 권장하고, 함께 책을 읽으며 대화를 나누었는가? | | | | | | |
| | 도서관이나 서점을 자주 방문하여 책을 빌리거나 사서 읽는 습관을 들였는가? | | | | | | |
| | 독서 기록장을 작성하도록 격려했는가? | | | | | | |
| 체험 학습 | 박물관, 미술관, 과학관 등을 방문하여 학습에 대한 흥미를 높여주었는가? | | | | | | |
| | 자연 속에서 다양한 경험을 할 수 있도록 기회를 제공했는가? | | | | | | |
| | 봉사활동이나 동아리 활동에 참여하도록 장려했는가? | | | | | | |
| 학습 동기 부여 | 작은 성과에도 칭찬과 격려를 아끼지 않았는가? | | | | | | |
| | 학습 목표를 설정하고, 달성했을 때 보상을 해주었는가? | | | | | | |
| | 학습에 대한 긍정적인 태도를 심어주었는가? | | | | | | |
| 생활 습관 | 규칙적인 생활 습관을 길러주었는가? (잠자리, 식사, 운동 등) | | | | | | |
| | 개인 위생을 철저히 지키도록 교육했는가? | | | | | | |
| | 정리정돈 습관을 길러주었는가? | | | | | | |
| | 다른 사람과의 관계를 존중하고 배려하는 태도를 가르쳤는가? | | | | | | |

| | | | | | | |
|---|---|---|---|---|---|---|
| **사회성** | 협동심과 배려심을 키울 수 있는 활동을 함께 했는가? | | | | | |
| | 다양한 사람들과의 교류를 통해 사회성을 키울 수 있도록 지원했는가? | | | | | |
| **자립심** | 스스로 할 수 있는 일은 스스로 하도록 격려했는가? | | | | | |
| | 책임감을 가질 수 있도록 기회를 제공했는가? | | | | | |
| | 어려움을 스스로 해결할 수 있도록 도왔는가? | | | | | |
| **긍정적인 태도** | 긍정적인 사고방식을 가질 수 있도록 격려했는가? | | | | | |
| | 스트레스를 해소할 수 있는 방법을 알려 주었는가? | | | | | |
| | 감사하는 마음을 갖도록 교육했는가? | | | | | |

아이에게 전하는 진심 어린 편지를 써봅시다. 아이에게 편지를 쓰는 것은 단순한 쓰기 행위를 넘어, 부모와 자녀 간의 소통을 더욱 깊게 만들고, 아이의 자존감을 높이며, 미래를 위한 긍정적인 메시지를 전달하는 특별한 경험입니다. 나중에 아이가 자라서 성인이 되어 엄마 아빠가 써준 편지를 다시 보았을 때도 특별한 추억을 불러올 수 있도록 써봅시다. 하지만 무엇을 어떻게 써야 할지 막막하게 느껴질 수도 있습니다.

**편지를 쓰기 전에 곰곰이 생각해보세요**

· 아이에게 전하고 싶은 가장 중요한 메시지는 무엇인가요?

· 사랑, 격려, 칭찬, 꿈, 용기 등 다양한 주제가 될 수 있습니다.

· 아이의 어떤 모습에 감사하고 자랑스러워하는가요? 구체적인 예시를 떠올려보세요.

· 삶의 지혜나 가치관에 대한 이야기를 담아보세요.

· 따뜻한 격려와 응원의 메시지를 전달해보세요.

**편지를 쓰는 방법**

· 진심을 담아 시작하세요. "사랑하는 ○○에게"와 같이 따뜻한 인

사말로 시작하여, 아이에게 편지를 쓰는 이유를 간략하게 설명해주세요.

· 구체적인 예시를 들어주세요. 아이와 함께한 날의 공간, 날씨, 추억, 에피소드, 아이는 미처 몰랐던 그날의 비밀 등을 떠올리며 구체적이고 개별적인 예시를 들어 이야기하면 아이가 더욱 공감하고 기억에 남을 것입니다.

· 칭찬과 격려를 아끼지 마세요. 아이의 노력을 구체적으로 언급하며 칭찬하고 격려해주세요.

· 미래에 대한 희망을 제시해주세요. 아이의 꿈을 응원하고, 앞으로 어떤 사람으로 성장하기를 바라는지 진심으로 이야기해주세요.

· 사랑한다는 말을 잊지 마세요. 편지의 마지막에는 '사랑하는 아들/딸'과 같이 따뜻한 마무리로 편지를 끝맺으세요.

## 편지를 쓸 때 주의할 점

· 비난이나 비교는 피하세요.

· 아이의 자존감을 깎아내리는 말은 삼가고, 긍정적인 표현을 사용하세요.

· 아이의 눈높이에 맞춰 쓰세요.

· 너무 어렵거나 추상적인 표현보다는 아이가 이해할 수 있는 쉬

운 문장으로 작성하세요.

· 정성스럽게 손글씨로 작성해보는 것도 좋습니다. 손글씨로 작성된 편지는 아이에게 더욱 특별한 의미로 다가갈 것입니다.

사랑하는                에게

꿈은 쫓아다니는 것이 아닙니다
꿈과 함께 나아가셔야 합니다!
우리 아이에게 맞는 꿈을 찾아주세요!

KI신서 13094

# 공부가 아이의 길이 되려면

**1판 1쇄 인쇄** 2024년 10월 23일
**1판 1쇄 발행** 2024년 10월 30일

**지은이** 오평선
**펴낸이** 김영곤
**펴낸곳** (주)북이십일 21세기북스

**인생명강팀장** 윤서진 **인생명강팀** 박강민 유현기 황보주향 심세미 이수진
**디자인 표지** Studio Weme
**출판마케팅팀** 한충희 남정한 나은경 최명열 한경화
**영업팀** 변유경 김영남 강경남 황성진 김도연 권채영 전연우 최유성
**제작팀** 이영민 권경민

**출판등록** 2000년 5월 6일 제406-2003-061호
**주소** (10881) 경기도 파주시 회동길 201(문발동)
**대표전화** 031-955-2100 **팩스** 031-955-2151 **이메일** book21@book21.co.kr

© 오평선, 2024

ISBN 979-11-7117-872-8 (03590)

**(주)북이십일** 경계를 허무는 콘텐츠 리더

21세기북스 채널에서 도서 정보와 다양한 영상자료, 이벤트를 만나세요!
**페이스북** facebook.com/jiinpill21      **포스트** post.naver.com/21c_editors
**인스타그램** instagram.com/jiinpill21      **홈페이지** www.book21.com
**유튜브** youtube.com/book21pub

서울대 가지 않아도 들을 수 있는 **명강의!** 〈서가명강〉
'서가명강'에서는 〈서가명강〉과 〈인생명강〉을 함께 만날 수 있습니다.
유튜브, 네이버, 팟캐스트에서 '서가명강'을 검색해보세요!